重庆市职业教育学会规划教材／职业教育传媒艺术类专业新形态教材

虚拟现实设计与制作

XUNI XIANSHI SHEJI YU ZHIZUO

主　编　赵　娜

副主编　龚　园　王　嵋　田雁飞　尹永恒　都永昌

参　编　周成龙　杨亚琴

重庆大学出版社

U0722278

图书在版编目（CIP）数据

虚拟现实设计与制作 / 赵娜主编. -- 重庆：重庆
大学出版社, 2025. 5. -- (职业教育传媒艺术类专业新
形态教材). -- ISBN 978-7-5689-5205-7

Ⅰ. TP391.98

中国国家版本馆CIP数据核字第2025BM3270号

重庆市职业教育学会规划教材
职业教育传媒艺术类专业新形态教材

虚拟现实设计与制作
XUNI XIANSHI SHEJI YU ZHIZUO

主　　编　赵　娜

副主编　龚　园　王　嵋　田雁飞　尹永恒　都永昌

参　　编　周成龙　杨亚琴

策划编辑：席远航　蹇　佳

责任编辑：席远航　　装帧设计：品木文化

责任校对：邹　忌　　责任印制：张　策

....

重庆大学出版社出版发行

出版人：陈晓阳

社　　址：重庆市沙坪坝区大学城西路21号

邮　　编：401331

电　　话：（023）88617190　88617185（中小学）

传　　真：（023）88617186　88617166

网　　址：http://www.cqup.com.cn

邮　　箱：fxk@cqup.com.cn（营销中心）

全国新华书店经销

印刷：重庆长虹印务有限公司

....

开本：787mm×1092mm　1/16　印张：10.5　字数：206千

2025年5月第1版　　2025年5月第1次印刷

ISBN 978-7-5689-5205-7　定价：48.00元

....

前 言
FOREWORD

虚拟现实设计与制作是数字媒体领域的新兴技术。本书作为数字媒体三大方向课程理论结合实践一体化必修课程群的重要技术教材，以1+X"虚拟现实应用设计与制作职业技能等级证书"、全国职业院校技能大赛—虚拟现实（VR）设计与制作赛项、"'一带一路'暨金砖国家技能发展与技术创新大赛之虚拟现实（VR）产品设计与开发赛项""中国虚拟现实大赛""全国三维数字化创新设计大赛"，以及全国职业院校技能大赛—数字艺术设计赛项等赛项内容融通为主线，依托真实项目案例，采取多种措施进行编写。

2019年12月，教育部印发了我国首个《职业院校教材管理办法》；2020年1月，国家教材委员会出台了《全国大中小学教材建设规划（2019—2022年）》，要求教材开发必须适应结构化、模块化的课程建设需求，重点推动专业核心课程以真实生产项目、典型工作任务、案例等为载体来组织教学单元。《创意设计》是重庆工商职业学院国家级职业教育教师教学创新团队根据国家高等职业学校专业标准开发的一门课程。该课程以综合职业能力培养为目标，采用设计导向的职业教育思想，以典型工作任务为载体，选用学习领域课程开发模式，确定行动导向的教学组织方式，遵循以学生为中心的开发原则，实现理论教学与实践教学的融通合一、能力培养与工作岗位的学做合一、教学内容与证书考核的对接合一。

《虚拟现实设计与制作》作为活页式新形态教材，摒弃了传统学科式按图索骥的内容构建方式，采用从工作场转化为学习场的设计思路，即工作岗位→职业角色→典型工作任务→典型工作过程→工作环节→职业要求→素质、知识、技能标准→学习情境→学习任务单元，形成完整的教学闭环。

本教材的创新点在于，通过四个模块的教学内容，对应VR建模技术→VR渲染技术→VR交互技术→真实生产项目的递进式教学。因此，其内容不仅涵盖了丰富的艺术设计理论和软件技能学习，还引入了真实工作项目，使教材超越"常识"层面，充分发挥对学生实践的引领作用。每个模块的教学内容均由相关专业的教师和企业专家共同编写，注重了专业性、普适性和职业性，既遵循了艺术设计的基本规律，又体现了行业新技术、新工艺、新标准，与相关的职业技能等级证书实现了对接。

《虚拟现实设计与制作》的编写旨在为职业院校艺术设计专业基础课教师选择活页式教材提供绵薄之力。然而，由于编者水平有限，不足之处在所难免，恳请读者批评指正。

目 录
CONTENTS

模块一｜VR 建模技术

典型工作任务分析

能够使用计算机、数位板等工具，熟练地运用 3ds Max、ZBrush 等三维建模软件，完成人物角色模型的创建；能够参照二维图像或三维模型，进一步优化模型，使其达到考核标准。

适用岗位

1.3D 角色建模师：负责创建游戏、动画或影视中的角色模型。需熟悉建模软件，具备扎实的艺术基础和设计能力。

2.角色艺术家：专注于角色的视觉设计，包括概念艺术、造型和细节处理。需具备良好的美术素养和创造力。

3.动画师：在角色模型完成后，负责为其制作动画。需要了解骨骼绑定和运动学原理，以确保动作流畅自然。

4.纹理艺术家：负责角色模型的纹理和材质制作。需要掌握 UV 展开和纹理绘制工具，确保视觉效果出色。

5.技术美术：在建模与引擎间架起桥梁，确保模型在游戏中的表现优化。需具备一定的编程基础和技术知识。

6.游戏设计师：参与角色的设计与定位。需要了解角色模型对游戏玩法和用户体验的影响。

各岗位之间相互配合，共同推动角色模型的开发和实现，为游戏或动画项目的成功奠定基础。

职业能力

1.能够理解工作任务的设计要求，有计划、有目标地进行模型制作。

2.能够理解游戏美术设计元素之间的建构关系与关联性，掌握整体的设计流程与规范。

3.理解并掌握 VR 模型的构建方法及关系原理。

4.掌握三维建模的创建法则，包括场景模型之间的比例关系、人物模型的整体头身比、形体动态、面部五官比例等构建原理。

5.理解并掌握物体的运动规律。

6.理解并掌握多角度、多方位建模的原理与法则。

7.能够熟练掌握三维建模软件，进行 VR 模型的创建。

8.能够参照多角度二维图像、三维模型，完成游戏美术设计中的场景建模和人物建模。

9. 理解并掌握模型骨骼的绑定方法与创建原理。

10. 理解并掌握高模与低模的区别，以及模型的数据优化方法。

11. 能够按照行业验收标准，完成模型的考核要求。

1+X 职业资格证书

虚拟现实应用设计与制作技能等级证书（中级）

任务 1.1　角色建模创建

（1）工作情景描述

依据虚拟现实应用设计与制作职业技能等级证书（中级）对应的标准，根据某虚拟现实数字化开发有限公司策划部下发的策划书要求，开展一系列角色模型的创建工作。学生需掌握 VR 角色人物的创建方法，并能将成果交付至下一环节进行深化，进而进行 VR 模型渲染技术的制作。

（2）学习目标

通过本学习任务，学生应能正确解读企业下发的策划书；理解并掌握人物造像的特征与原理；熟练运用 ZBrush、3ds Max 等三维建模软件；查阅相关资料，并参照二维图像、三维模型等，掌握 VR 人物模型的创建方法。

（3）工作项目分析

为推动文化事业和文化产业的繁荣发展，某游戏公司的策划部门计划开发一款与传统文化主题相关的游戏产品，以促进文化的交流与传播。该项目选取了大足石刻宝顶山中的 4 个角色作为游戏中的主要 VR 角色，具体包括：柳本尊人物像、宋代文官像、宋代武官像和天王像。项目要求完成这四个人物角色的模型创建。设计部主管将此任务交予学生，要求学生在一周内完成。接到任务后，学生须根据公司规定，向策划部门进一步了解任务角色的相关需求，并提出合理化建议。在双方协商一致后，进行初步模型创建，经过修改调整，征得对方同意后，完成人物角色模型创建并交予主管及策划部门审定。根据审定意见进行修改，直至提供模型源文件，并填写相关单据。

（4）任务分组

将学生分为 4 ~ 5 人一组，完成需创建模型的多角度参考图片的搜集任务，组长填写表 1-1。

表 1-1

组别	工作任务：按照项目要求，搜索角色人物的多角度图片作为参考，完成 VR 角色人物建模——宋代文官像、宋代武官像、天王像
1	
2	
3	
4	

（5）工作准备

①每组根据工作任务书的需求，依次进行分析和探讨，填写并提交质量技术记录；

②了解该项目人物角色背后的历史背景和文化内涵；

③结合项目任务书，分析角色模型创建的难点和常见技术问题。

（6）引导问题

① VR 角色模型建模的步骤是什么？

答：首先构建和塑造人体的躯干，结合基础形状与对应笔刷，拉出角色的大形体效果；然后从上往下依次对人物角色四肢进行塑造；最后根据课前准备的角色参考图片，多角度转动模型，对五官、服装、首饰、头冠等进行细节雕刻与塑造。

② VR 角色模型建模的学习内容是什么？

答：角色模型创建的主要学习内容包括：构建塑造人体的方法、人体动态的整体调节、多边形组的创建与使用、服饰布料的细节雕刻与塑造、常用笔刷的构建与使用方法、人物角色手部的制作与共用技巧。

（7）工作计划与实施

每组学生需认真阅读策划书，根据策划书要求制定各自的计划和方法，并搜集相关图片作为角色建模的参考素材。经小组集中搜集和讨论后，完成人体角色的创建及动态细节的雕刻工作。教师需审查每个小组的方法计划（表1-2），并依次对每组进行指导和调整。

表 1-2

序号	姓名	角色名称	设计时间		备注
			参考图	角色模型	
1					
2					
3					

（8）评价反馈

每位学生的成绩评定通过学生自评、小组互评和教师评价三个阶段完成，其中综合评价结果由自评（20%）、小组互评（30%）与教师评价（50%）三部分按比例构成。

①学生完成自我评价，并将结果填入《学生自评表》（表 1-3）中。

表 1-3

学习情景 1		角色模型创建		
序号	评价项目	评价标准	分值	得分
1	软件使用	能独立使用 ZBrush、3ds Max 等三维建模软件	10	
2	工具操作	能熟练操作数位板对角色进行雕刻塑造	10	
3	造型表达	角色人体比例正确，五官四肢塑造协调合理	20	
4	角色动态	角色动态自然，生动形象	10	
5	服饰塑造	能准确还原塑造出要求的角色服饰，注重服饰的细节与整体协调	10	
6	工作态度	态度端正，主动思考，积极推进工作	10	
7	工作质量	能按照要求建模，按标准完成工作任务	10	
8	协调能力	与小组成员、同学之间能合作交流，协调工作	5	
9	职业素质	积极主动查阅并借鉴相关资料	5	
10	创新意识	在模型造型塑造上有创新点	10	
合计			100	

②学生以小组为单位，对角色建模设计的过程与结果进行互评，将互评结果填入《学生互评表》（表 1-4）中。

表 1-4

学习情景 1		角色模型建模									
评价项目	分值	等级				评价对象（组别）					
计划安排	8	优	良	中	差	1	2	3	4	5	6
工具操作	8	优	良	中	差						
造型能力	8	优	良	中	差						
服饰塑造	8	优	良	中	差						
大体形态	8	优	良	中	差						
工作态度	8	优	良	中	差						

续表

学习情景1		角色模型建模						
评价项目	分值	等级				评价对象（组别）		
工作质量	16	优	良	中	差			
协调能力	16	优	良	中	差			
职业素质	10	优	良	中	差			
创新意识	10	优	良	中	差			
合计	100							

③教师对学生工作过程和结果进行评价，并将评价结果填入《教师综合评价表》（表1-5）中。

表1-5

学习情景1		角色模型建模		
评价项目		评价标准	分值	得分
考勤（10%）		无无故迟到、早退、旷课现象	10	
工作过程（60%）	软件使用	能独立使用 ZBrush、3ds Max 等三维建模软件	5	
	工具操作	能熟练操作数位板对角色进行雕刻和塑造	5	
	造型表达	角色人体比例正确，五官四肢塑造协调合理	5	
	角色动态	角色动态自然，生动形象	5	
	服饰塑造	能准确还原塑造出要求的角色服饰，注重服饰的细节与整体协调	5	
	工作态度	态度端正，主动思考，积极推进工作	10	
	工作质量	能按照要求建模，按计划完成工作任务	5	
	协调能力	与小组成员、同学之间能合作交流，协调工作	5	
	职业素质	积极主动查阅并借鉴相关资料	5	
	创新意识	在模型造型塑造上有创新点	10	
项目成果（30%）	工作规范	能按工作规范进行设计	10	
	设计效果	成果效果良好，具有完整性	10	
	成果展示	能准确表达并汇报工作成果	10	
合计			100	
综合评价		自评（20%）	小组互评（30%）	教师评价（50%）	综合得分

（9）学习提示

①创作思路

角色模型的创建通常从角色的大体形态开始，可参考各角度图片及三维模型。在本项目中，角色模型的构建应先从整体轮廓出发，再依次对模型进行细节塑造与调整，以确保符合角色的需求与定位。

②工具运用

本项目旨在让学生学会使用 ZBrush 软件的新建、存储文件功能，了解不同格式的区别，掌握灯箱、工具栏中的雕刻画笔、笔触、Alpha 等工具的使用，并配合数位板进行操作。在操作过程中，需根据模型形态的变化，及时调整笔刷的大小与力度。

③任务拆分

对于角色模型建模这一项目，可将其大致拆分为以下几个关键步骤（图1-1）。

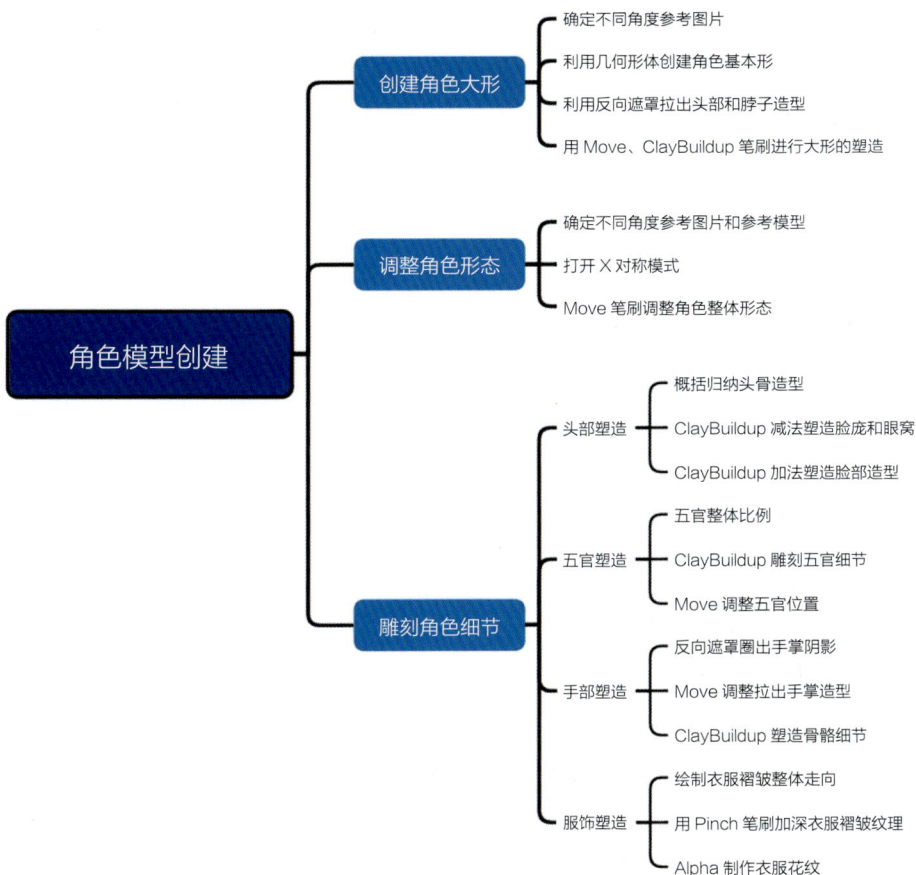

图 1-1 工作任务思维导图

（10）具体操作步骤

下面以该工作任务为例，演示角色模型建模的关键步骤。具体建模步骤如下：

①头部大形建模：从灯箱中选择基础几何形体圆形，使用 Move 笔刷根据参考图调整头骨的大体形态（图 1-2）。

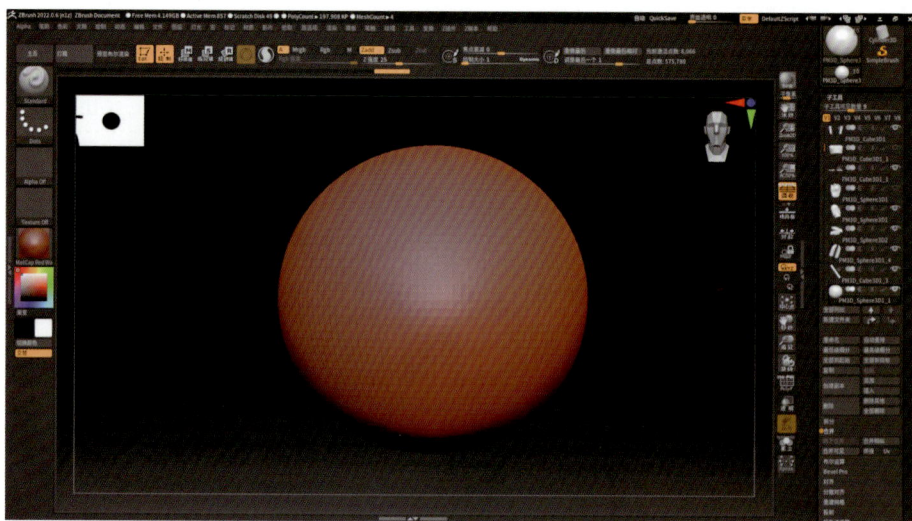

图 1-2

②头部大形建模：利用遮罩功能勾画出脖子的粗细大小，选择反向遮罩后，通过拉伸拖拽出脖子的大体形态（图 1-3）。

图 1-3

③头部大形建模：调用圆形形状制作耳朵，按住 Ctrl 键对圆进行切割、变形、拉伸，使其呈长条状（图 1-4）。

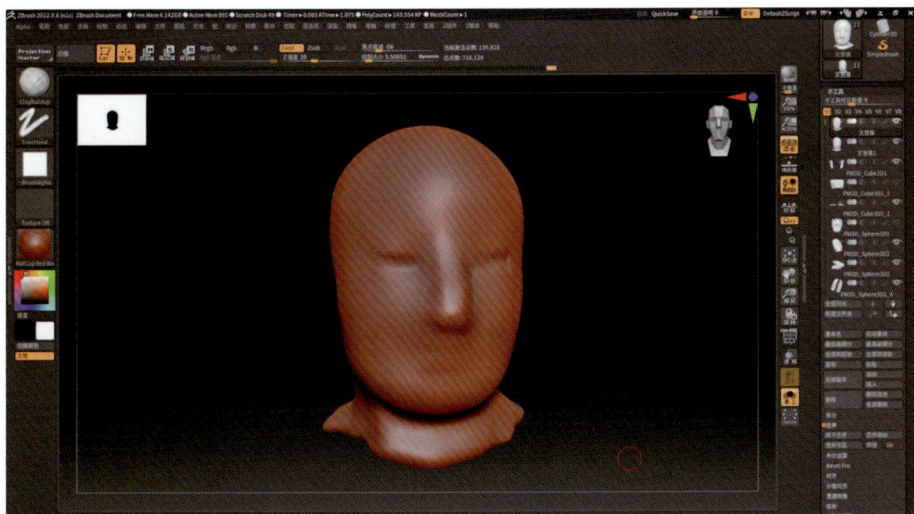

图 1-4

　　④头部大形建模：将耳朵放置在脸旁合适位置，使用弯曲变形工具调整耳朵的弧度（图 1-5）

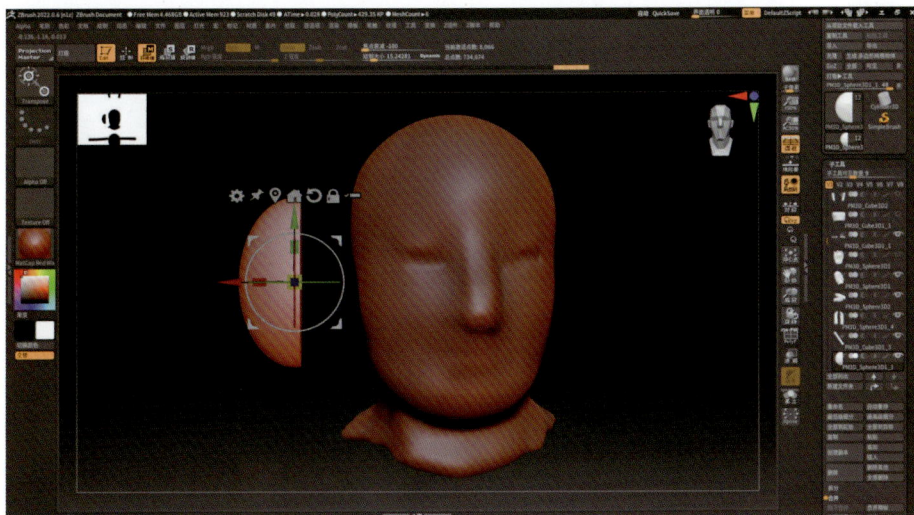

图 1-5

　　⑤头部大形建模：使用 Move 笔刷和 ClayBuildup 笔刷增加耳朵的肉感（图 1-6）。

　　⑥头部大形建模：利用对称工具为头部另一侧添加耳朵（图 1-7）。

　　⑦头部大形建模：制作文官像的官帽，需要调用基础形状圆柱和方体进行组合（图 1-8）。

　　⑧头部大形建模：将四个模型图层合并后，使用变形工具调整官帽的大小比例，再用 Move 笔刷和 ClayBuildup 笔刷推出大体轮廓（图 1-9）。

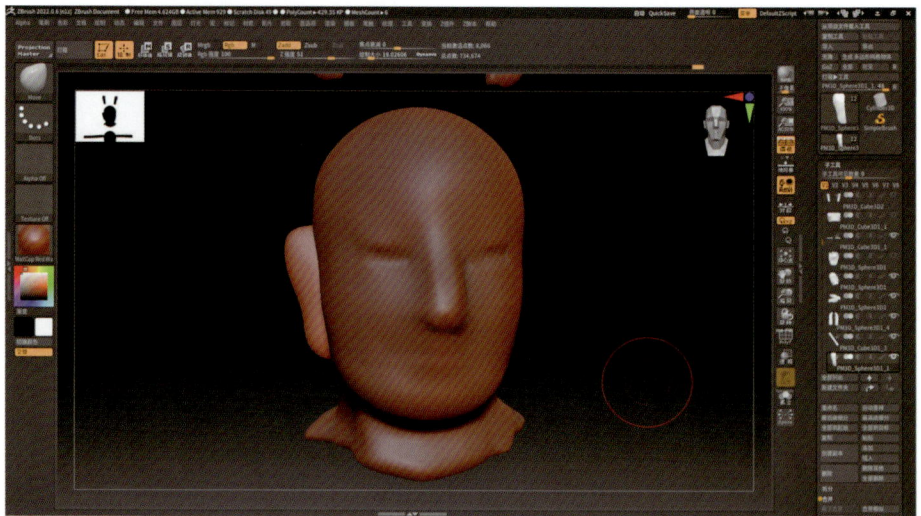

图 1-6

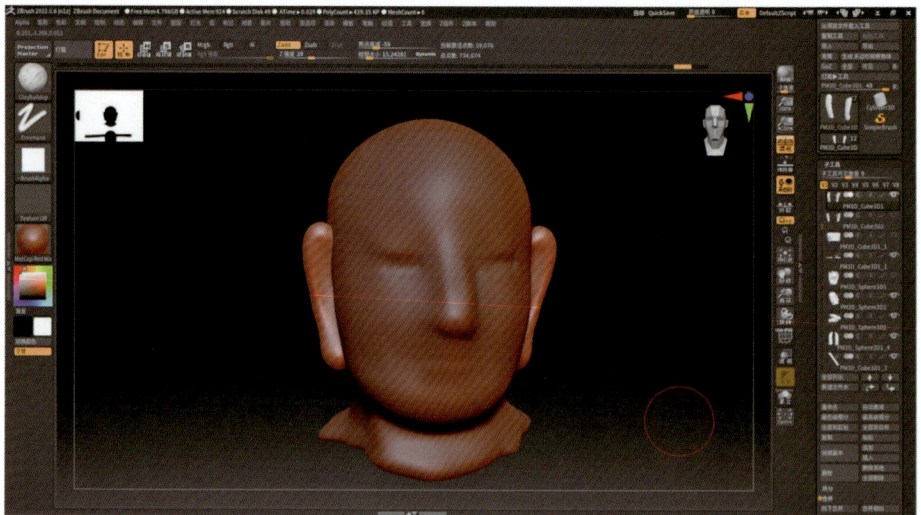

图 1-7

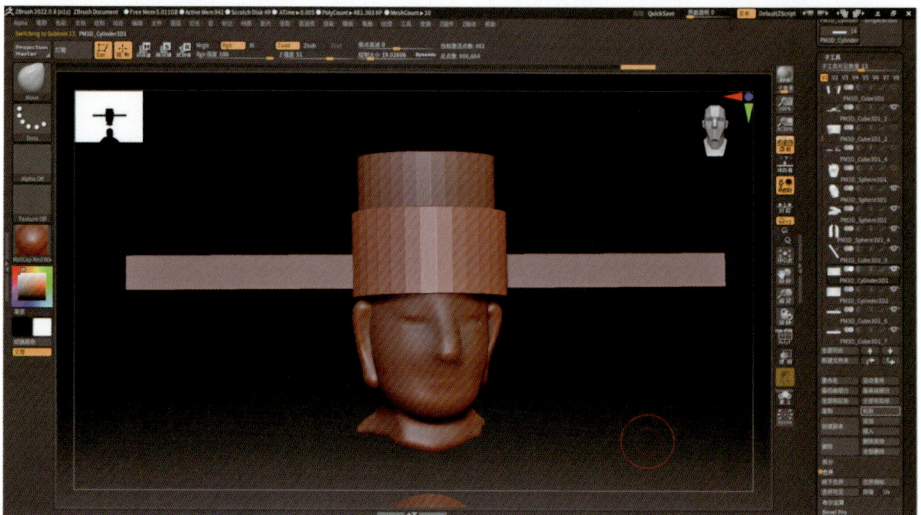

图 1-8

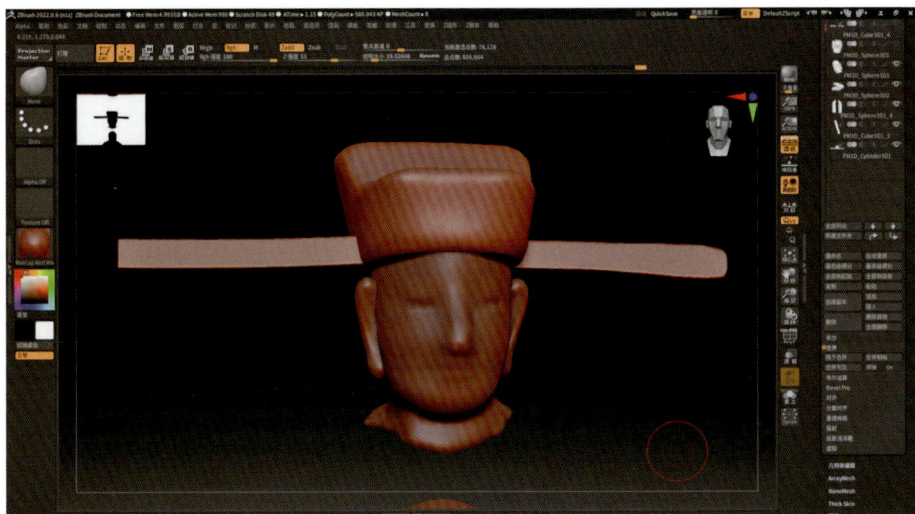

图 1-9

⑨头部大形建模：为模型添加络腮胡，以圆柱作为基础形状，通过拉伸变形生成胡须的大体形状（图 1-10）。

图 1-10

⑩身体大形建模：调用灯箱里的基础几何形体圆柱，作为身体部位的大形创作基本形态，利用 Move 笔刷和 ClayBuildup 笔刷根据参考图调整服饰的大形（图 1-11）。

⑪身体大形建模：利用平滑工具和 Dynamesh 工具对大形的布线进行重新规整，并与文官像的头部相结合（图 1-12）。

⑫手部大形建模：调用灯箱里的基础几何形体圆，使用 Move 笔刷将圆塑造成手腕与手掌的形状（图 1-13）。

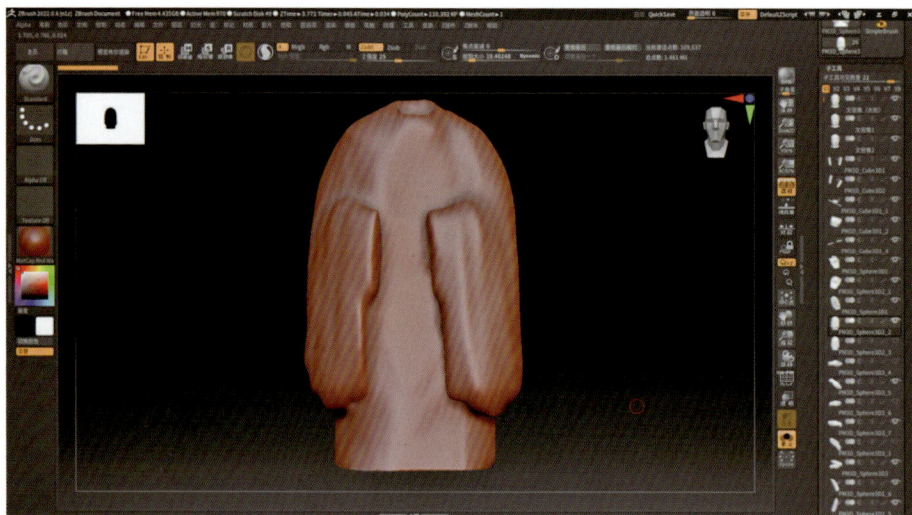

图 1-11

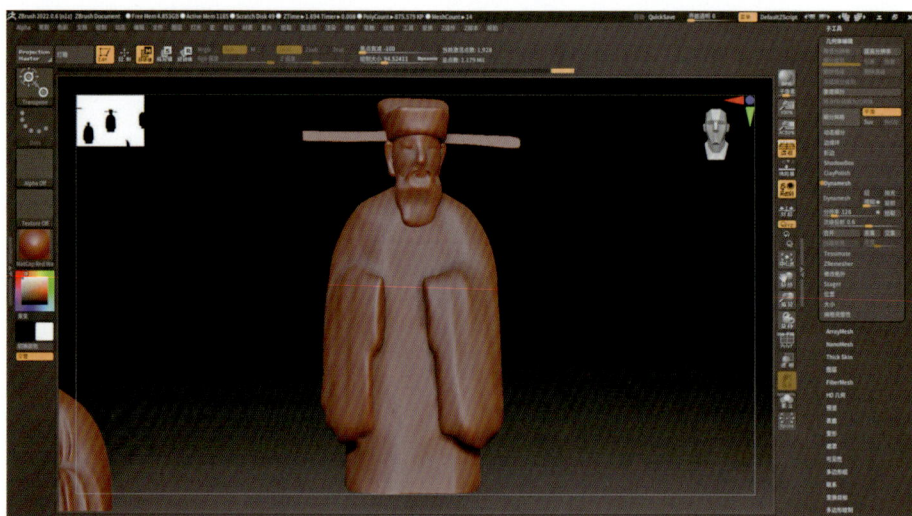

图 1-12

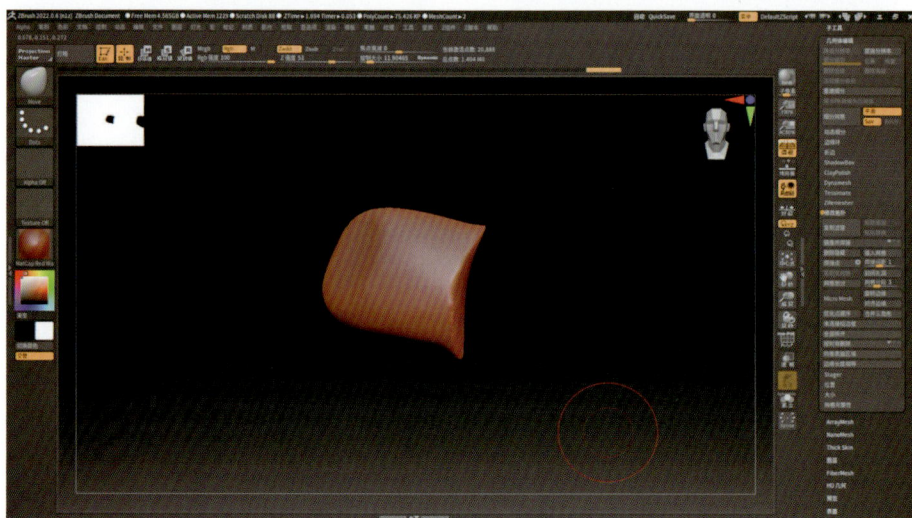

图 1-13

⑬手部大形建模：按住 Ctrl 键画出长条形遮罩，选择反向遮罩，利用 Move 笔刷结合移动工具拉出手指形状（图 1-14）。

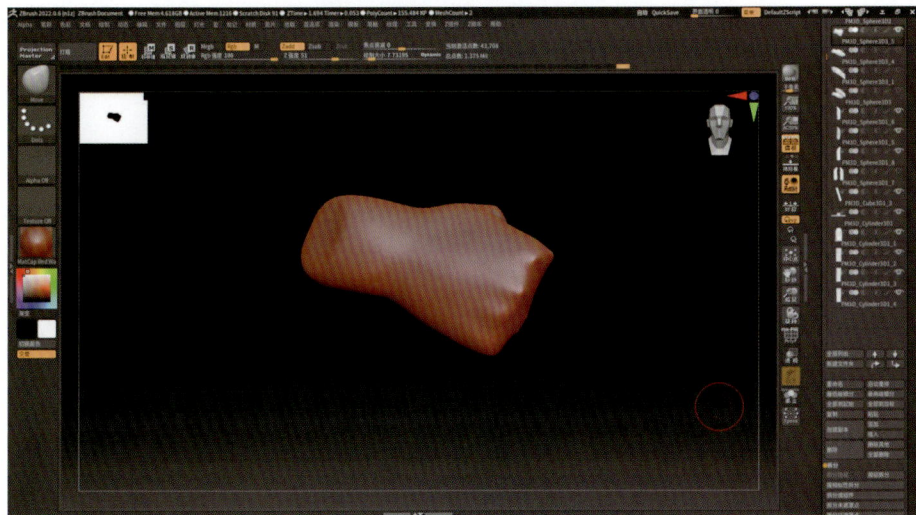

图 1-14

⑭手部大形建模：利用平滑工具和 Dynamesh 工具对手部大形的布线进行重新分布（图 1-15）。

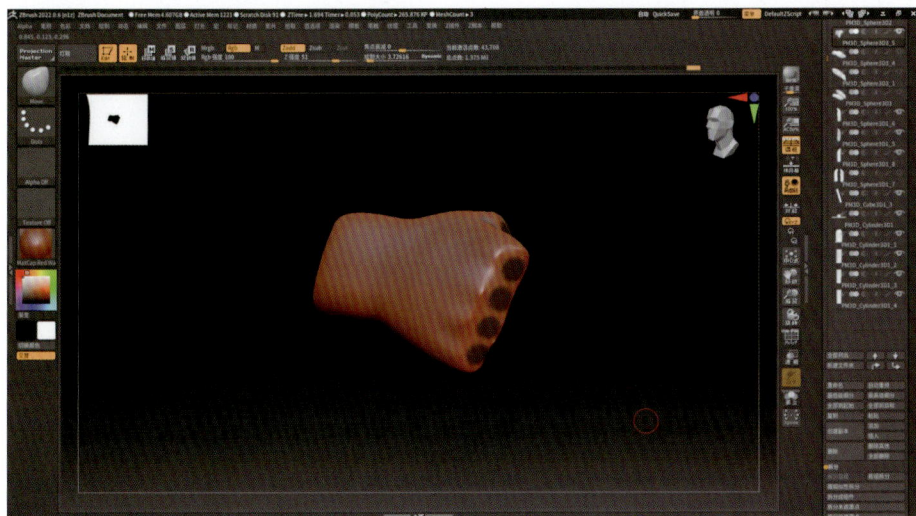

图 1-15

⑮手部大形建模：利用镜像工具创建出另一只手掌，并将其与前面的大形相结合（图 1-16）。

⑯角色模型的细节塑造：分为头部五官塑造、服饰塑造、手部塑造三部分，下面依次对这三部分进行讲解（图 1-17）。

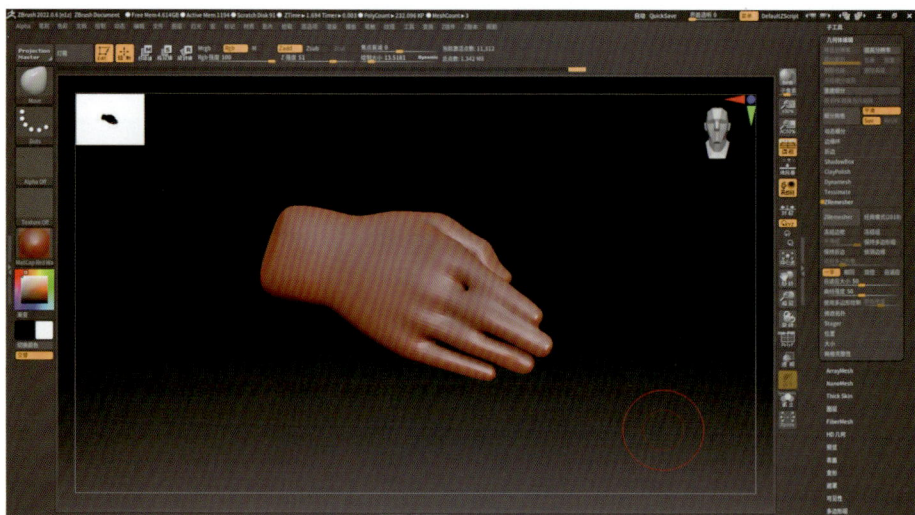

图 1-16

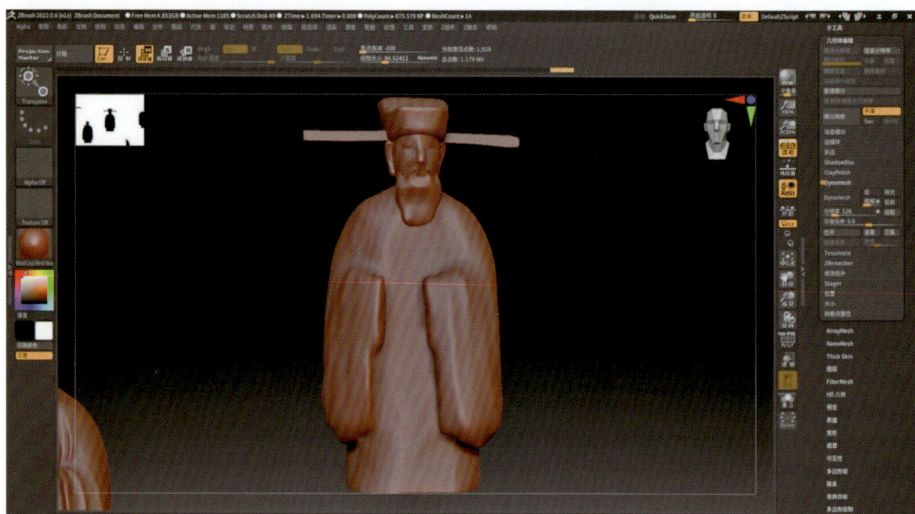

图 1-17

⑰头部五官塑造：在大形基础上，利用 ClayBuildup 笔刷绘制出三庭五眼的位置，调整 Dynamesh 的分辨率（分辨率越高，模型面数越多），使用 ZRemesher 和平滑笔刷对布线进行均匀整理（图 1-18）。

⑱头部五官塑造：根据面部肌肉、口轮匝肌等肌肉走向，重点刻画眉弓、眼角、鼻梁、嘴角转折处，使用 DamStandard 画线笔刷勾勒出中线，再用 Dynamesh 进一步对肌肉细节进行刻画（图 1-19）。

⑲服饰塑造：在大形基础上，调整 Dynamesh 工具的分辨率（注意密度选择，过密会造成电脑卡顿）（图 1-20）。

⑳服饰塑造：点击孤立按钮，只显示当前服饰模型，便于对服饰进行单独细节雕刻塑造（图 1-21）。

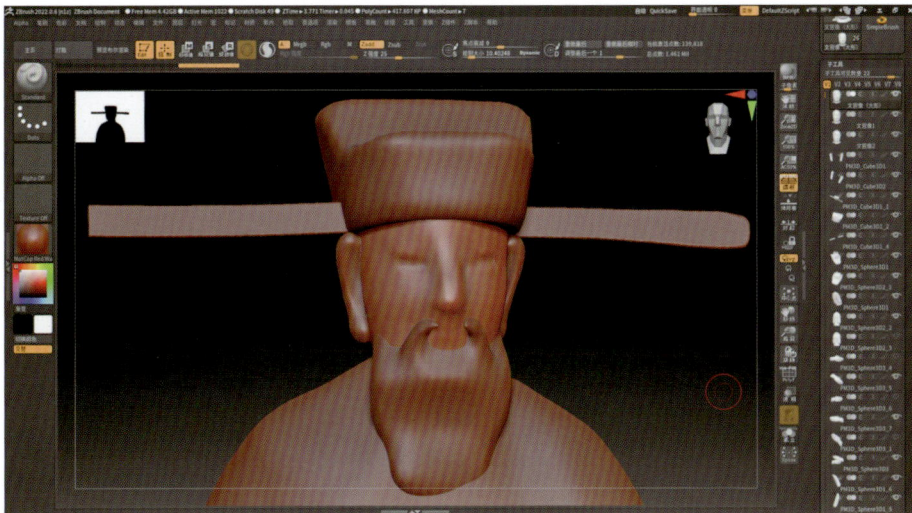

图 1-18

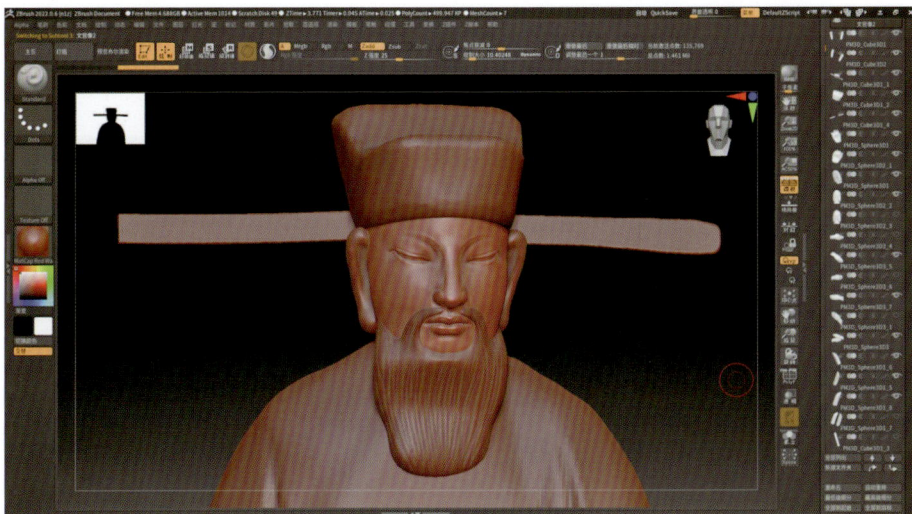

图 1-19

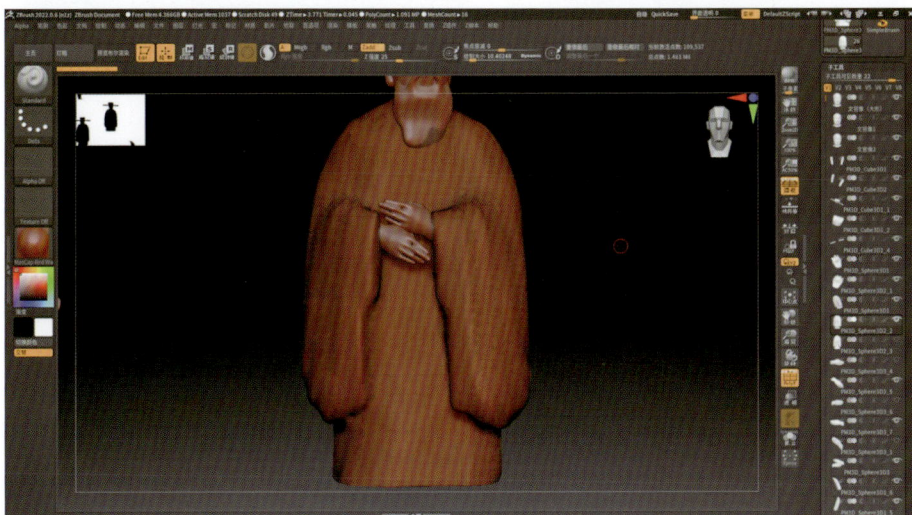

图 1-20

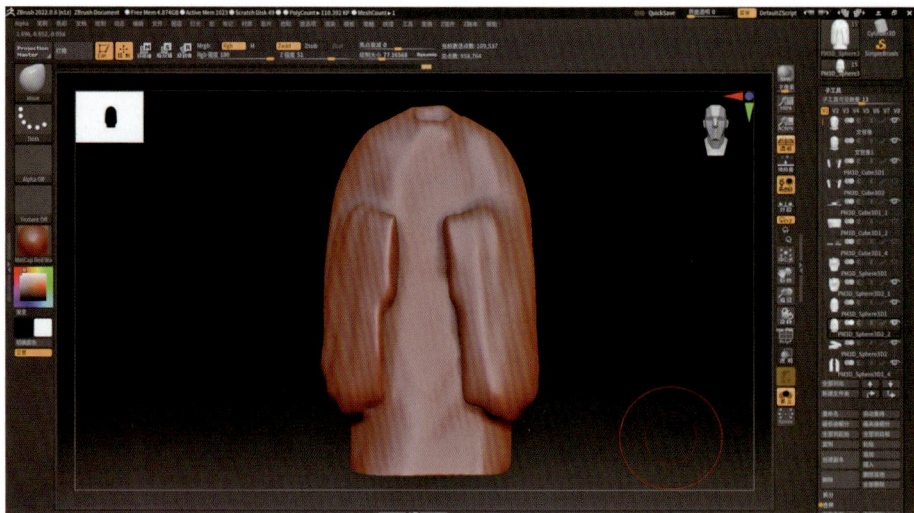

图 1-21

㉑服饰塑造：使用 Move 笔刷和 ClayBuildup 笔刷塑造服饰的体积和褶皱，用 DamStandard 笔刷刻画凹进去的低点线条（图 1-22）。

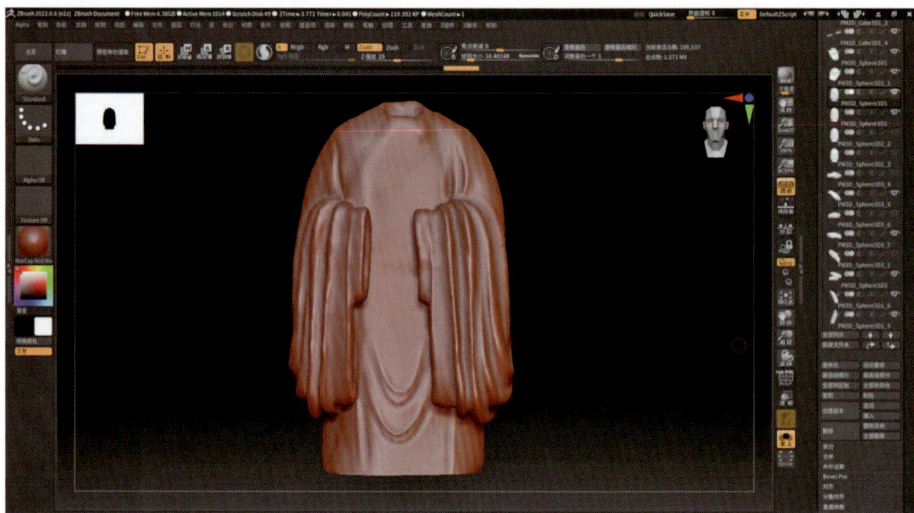

图 1-22

㉒手部塑造：在大形基础上，通过 Dynamesh 工具调整模型的分辨率，增加模型面数，以刻画更多细节。使用 ZRemesher 和平滑笔刷对布线进行均匀整理（图 1-23）。

㉓手部塑造：过程中随时使用 ClayBuildup 笔刷、Smooth 笔刷和 DamStandard 笔刷塑造手部的肌肉感和关节骨骼感，将其单独孤立，塑造过程中大形体需要通过 Move 笔刷进行实时调整（图 1-24）。

㉔手部塑造：制作完成手部后，取消孤立显示，通过旋转、移动将其放置到合适的模型位置（图 1-25）。

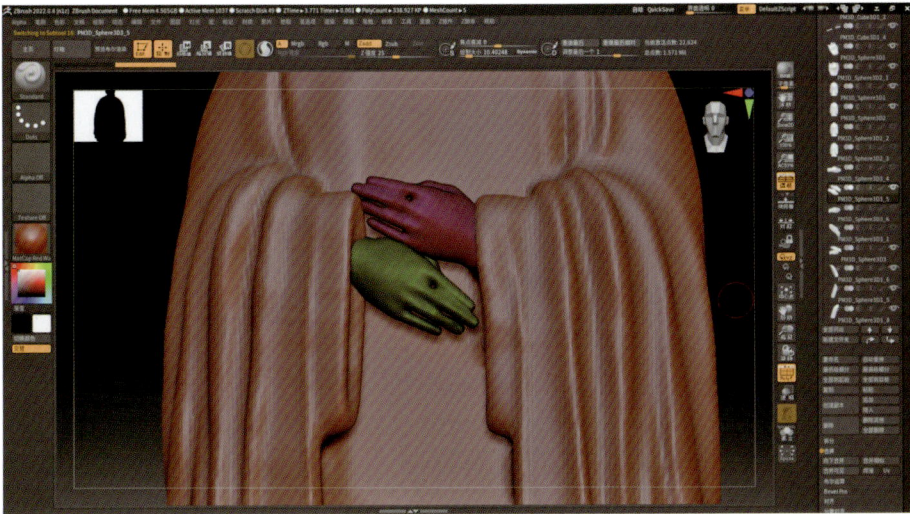

图 1-23

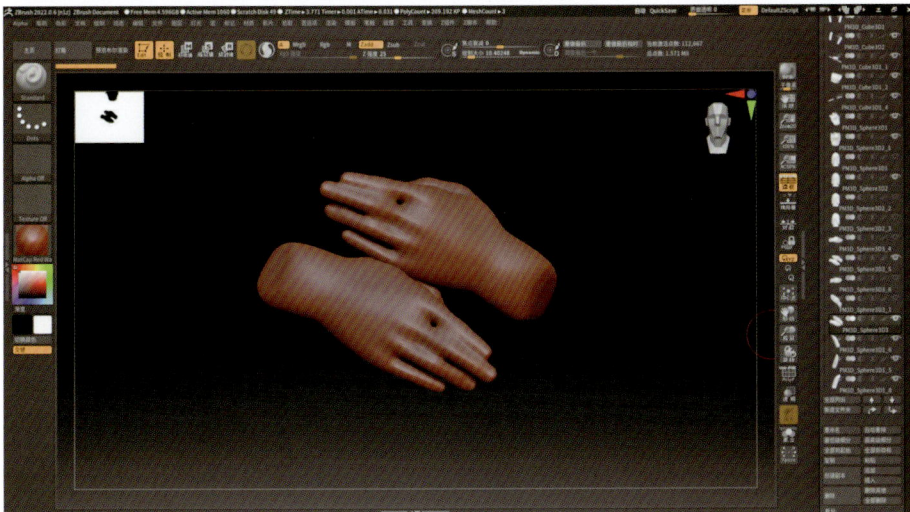

图 1-24

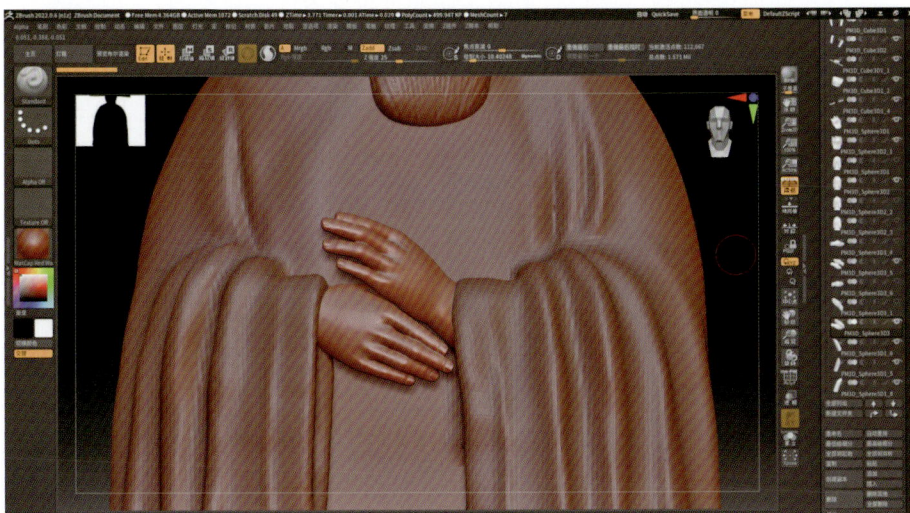

图 1-25

㉕文官像模型创建完成（图1-26）。

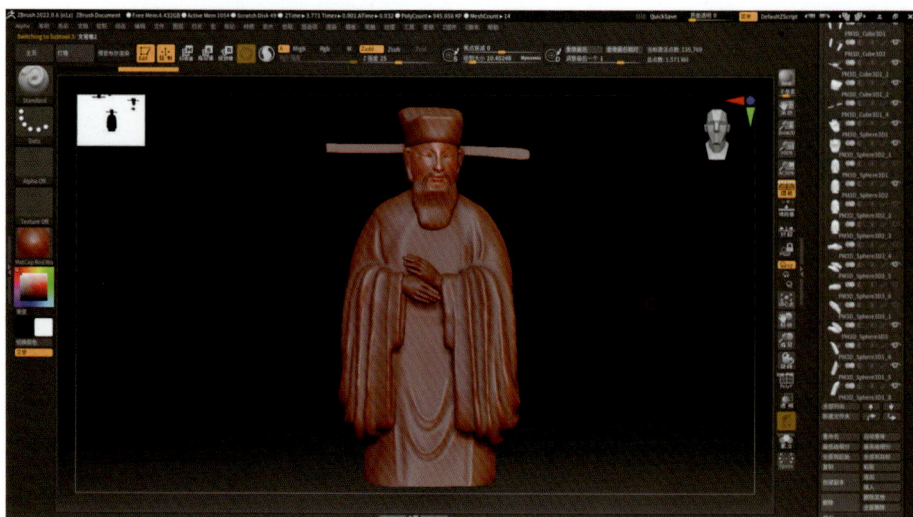

图1-26

小结

本次工作项目与专业紧密结合，讲好中国故事，传递本土文化，坚持规范性与多样性相统一。通过大足石刻故事融入，教学具有了针对性。以大足石刻相关人物造像为载体，使学生实现从熟手到匠才的转变。

任务 1.2 角色建模和骨骼绑定

（1）工作情景描述

依据虚拟现实应用设计与制作职业技能等级证书（中级）对应的标准，根据某虚拟现实数字化开发有限公司策划部下发的策划书要求，开展一系列角色模型的骨骼绑定工作。需分别掌握 VR 角色人物的骨骼创建方法与绑定技巧，并能将成果交付至下一环节进行进一步深化和模型调优。

（2）学习目标

通过本学习任务，学生应达到以下目标：能够正确识读企业下发的策划书；理解并掌握人物造型的特征与原理；熟练应用 ZBrush、3ds Max 等三维建模软件；完成角色骨骼绑定后，能根据项目要求进行修改，并填写验收清单。

（3）工作项目分析

在全球游戏市场竞争日益激烈的背景下，传统文化主题的游戏逐渐成为一

个重要的创作方向。随着玩家对具有文化内涵和独特艺术风格游戏的需求不断
增加，某公司决定开发一款融合传统文化元素的角色扮演游戏，以吸引更多玩
家，并提升市场竞争力。本项目旨在为游戏中的角色进行骨骼绑定，为后续的
动画制作和提升游戏体验打下坚实基础。传统文化承载着丰富的历史底蕴和独
特的艺术魅力，通过将这些元素融入游戏，我们不仅能够让玩家在娱乐中领略
传统文化，还能增强游戏的艺术价值。项目中设计的角色将基于中国古代神话、
历史人物以及民间传说，展现其独特的形象和故事背景。现设计部主管将该任
务交予学生，要求在一周内完成。学生接到任务后，根据公司规定，向策划部
门进一步了解骨骼绑定的相关需求，并提出合理化建议。在双方协商一致后，
进行初步的角色模型骨骼绑定，经过修改调整，征得对方同意后，完成人物角
色模型的创建，并交予主管及策划部门审定。根据审定意见进行相关修改，直
至提供模型源文件，最后填写相关单据。

（4）任务分组

将学生分为 4 ~ 5 人一组，各组需理解工作项目并进行分工，以完成任务。
组长须填写表 1-6。

表 1-6

组别	工作任务：完成角色模型的骨骼绑定
1	
2	
3	
4	

（5）工作准备

①每组需根据工作任务书的需求，依次进行分析和探讨，并填写提交质量
技术记录；

②查阅虚拟现实应用设计与制作职业技能等级证书（中级）中的相关内容
及国家标准；

③结合项目任务书，分析角色模型骨骼绑定的难点和常见技术问题。

（6）引导问题

VR 角色模型骨骼绑定的步骤是什么？

首先，确保模型雕刻已完成，且无多余细节或错误；其次，创建骨骼结构，

使用绑定工具（如 Maya、3ds Max、Blender 等，注：ZBrush 主要用于雕刻，非绑定）创建骨骼，并根据角色的解剖结构和运动需求布置骨骼；接着，设置骨骼层级，确保骨骼间的层级关系正确，以呈现自然的运动状态；随后，进行模型绑定，将角色模型与骨骼进行绑定，通常使用"绑定"或"皮肤"工具，确保模型的每个部分都能被相应的骨骼控制；之后，进行权重绘制，为每个骨骼分配权重，确保权重分配合理，避免角色变形时出现不自然的效果；最后，测试变形，通过简单的动画（如旋转和移动骨骼）测试角色的变形效果，检查各部位动作是否流畅，是否符合预期。

（7）工作计划与实施

每位学生的成绩评定通过学生自评、小组互评和教师评价三个阶段完成，其中综合评价结果由自评（20%）、小组互评（30%）与教师评价（50%）三部分按比例构成。

表 1-7

序号	姓名	名称	设计时间		备注
			参考图	角色骨骼	
1					
2					
3					

（8）评价反馈

每个学生完成学习情境的成绩评定，按照学生自评、小组互评、教师评价三个阶段进行，并按自评占比 20%、小组互评占比 30%、教师评价占比 50% 作为每个学生的综合评价结果。

①学生须完成自我评价，并将结果填入《学生自评表》（表 1-8）中。

表 1-8

学习情景 1		角色模型骨骼绑定		
序号	评价项目	评价标准	分值	得分
1	软件使用	能独立使用 ZBrush、3ds Max 等三维建模软件	10	
2	工具操作	能熟练操作数位板对角色进行雕刻和塑造	10	
3	造型表达	角色人体比例正确，五官四肢塑造协调合理	20	
4	角色动态	角色动态自然，无明显僵硬，形象生动	10	
5	骨骼绑定	确定骨骼结构位置与层级，不出现穿模、变形等情况，保证后期运行的流畅性	10	

续表

学习情景 1		角色模型骨骼绑定		
序号	评价项目	评价标准	分值	得分
6	工作态度	态度端正，主动思考，积极推进工作	10	
7	工作质量	能按照要求建模，按标准完成工作任务	10	
8	协调能力	与小组成员、同学之间能合作交流，协调工作	5	
9	职业素质	积极主动查阅并借鉴相关资料	5	
10	创新意识	在模型造型塑造上有创新点	10	
合计			100	

②学生以小组为单位，对角色模型骨骼设计的过程与结果进行互评，将互评结果填入《学生互评表》（表 1-9）中。

表 1-9

学习情景 1		角色模型骨骼绑定									
评价项目	分值	等级				评价对象（组别）					
						1	2	3	4	5	6
计划安排	8	优	良	中	差						
工具操作	8	优	良	中	差						
造型能力	8	优	良	中	差						
骨骼绑定	8	优	良	中	差						
大体形态	8	优	良	中	差						
工作态度	8	优	良	中	差						
工作质量	16	优	良	中	差						
协调能力	16	优	良	中	差						
职业素质	10	优	良	中	差						
创新意识	10	优	良	中	差						
合计	100										

③教师对工作过程和结果进行评价，并将评价结果填入《教师综合评价表》（表 1-10）中。

表 1-10

学习情景 1		角色模型骨骼绑定		
评价项目		评价标准	分值	得分
考勤（10%）		无无故迟到、早退、旷课现象	10	
工作过程（60%）	软件使用	能独立使用 ZBrush、3ds Max 等三维建模软件	5	
	工具操作	能熟练操作数位板对角色进行雕刻塑造	5	
	造型表达	角色人体比例正确，五官四肢塑造协调合理	5	
	角色动态	角色动态自然，无明显僵硬，生动形象	5	
	骨骼绑定	确定骨骼结构位置与层级，不出现穿模、变形等情况，保证后期运行的流畅性	5	
	工作态度	态度端正，主动思考，积极推进工作	10	
	工作质量	能按照要求建模，按计划完成工作任务	5	
	协调能力	与小组成员、同学之间能合作交流，协调工作	5	
	职业素质	积极主动查阅并借鉴相关资料	5	
	创新意识	在模型造型塑造上有创新点	10	
项目成果（30%）	工作规范	能按工作规范进行设计	10	
	设计效果	能正确识读策划书并按要求进行模型创建	10	
	成果展示	成果效果良好，具有完整性	10	
合计			100	
综合评价	自评（20%）	小组互评（30%）	教师评价（50%）	综合得分

（9）学习提示

①创作思路

　　游戏角色模型的骨骼绑定可依据创作步骤，从以下几个方面进行：首先，根据项目的任务需求，对角色的特性、外形和运动需求进行深入分析，以此为基础确定骨骼的基本框架；其次，为保证人物关节能够达到预期的动画效果，需明确骨骼的层级关系及数量分布，对主要关节处给予更高的权重，以确保动画变形的自然流畅；最后，结合正向和反向运动学原理，设计角色的运动范围和运动方式，从而确保角色动作的合理性与逻辑性。

②工具运用

　　该项目旨在让学生学会在三维软件中对角色模型进行骨骼绑定，主要涉及

ZBrush、Blender 等三维建模工具。在 Blender 中进行骨骼绑定时，通常是将骨骼系统与模型网格进行关联，以便实现动画控制。

③任务拆分

这一项目，大致可将其分为以下几个关键步骤（图 1-27）：

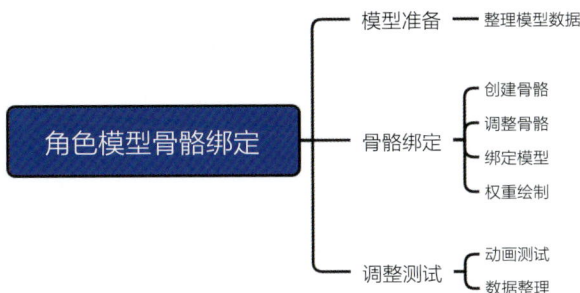

图 1-27　工作任务思维导图

（10）具体操作步骤

以该工作任务为例，简要演示角色模型骨骼绑定的关键步骤。角色建模骨骼绑定流程如下：

①模型准备：确保需绑定骨骼的模型已完成雕刻，且无任何多余细节或错误。

②打开 Blender 软件，选择骨架并进入编辑模式（图 1-28）。

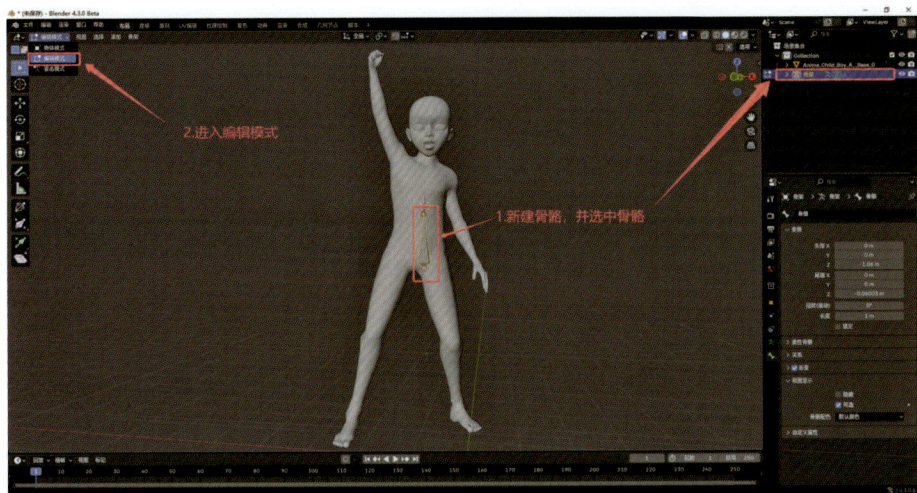

图 1-28

③按 E 键进行骨骼延伸，创建多个骨骼（图 1-29）。

④通过旋转（R）、移动（G）、缩放（S）操作，将骨骼调整至合适位置（骨骼节点与人物关节相匹配为最佳）（图 1-30）。

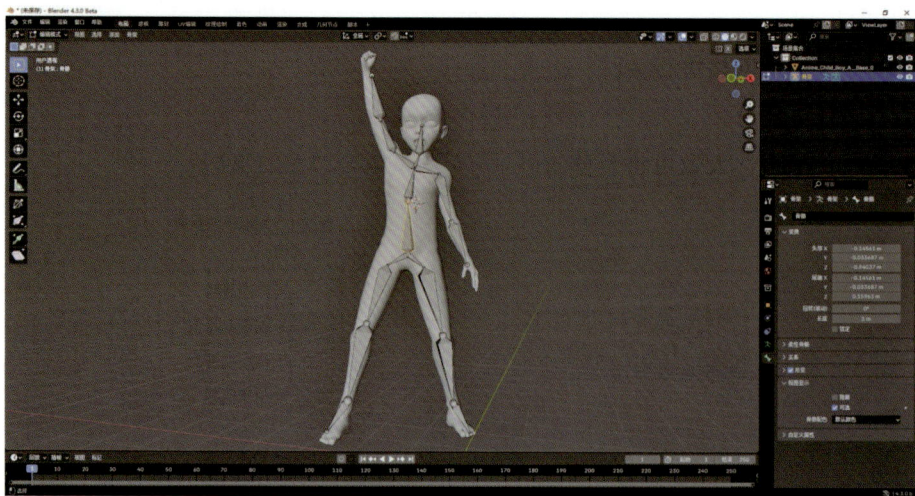

图 1-29

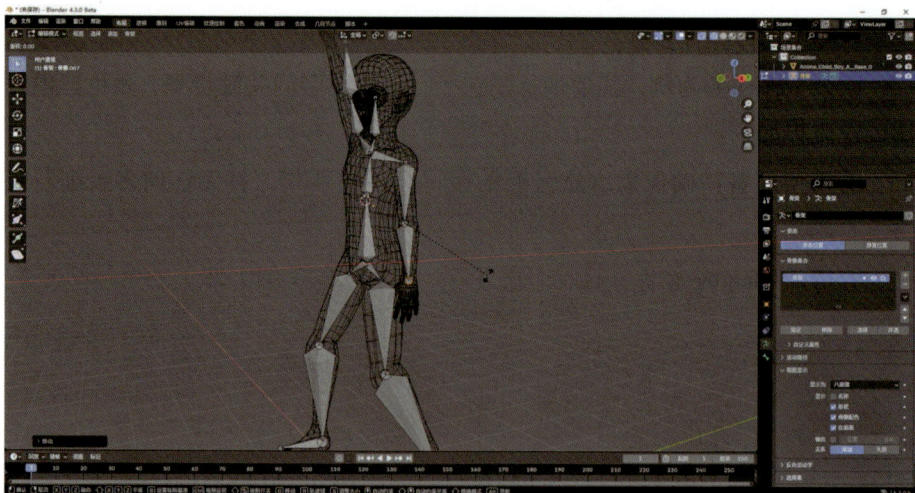

图 1-30

⑤修改骨骼名称：在编辑模式下，选中骨骼后，在属性面板中为每个骨骼命名，以便后续管理（图 1-31）。

⑥切换至物体模式，先选中人物模型，再选中骨骼（图 1-32）。

⑦按 Ctrl+P 键，选择"附带自动权重"，或点击鼠标右键，选择"父级"-"附带自动权重"（图 1-33）。

⑧此时，人物模型已成为骨骼的子集（图 1-34）。

⑨选择人物模型，进入权重绘制模式。点击数据窗口，选择要调整权重的骨骼进行权重设定，红色表示该骨骼对该部分网格的影响最大，蓝色表示影响最小（图 1-35）。

⑩完成上述步骤后，在物体模式下选择骨骼，进入姿态模式，对人物姿态进行调整（图 1-36）。

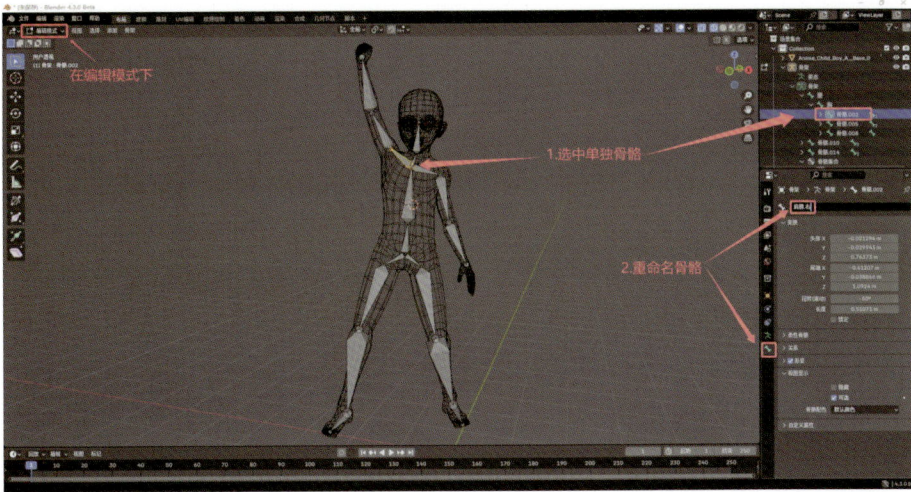

图 1-31

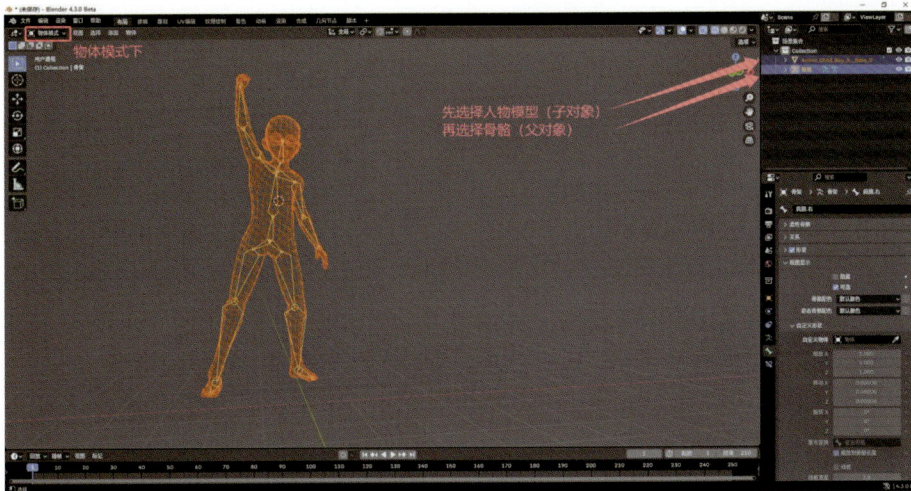

图 1-32

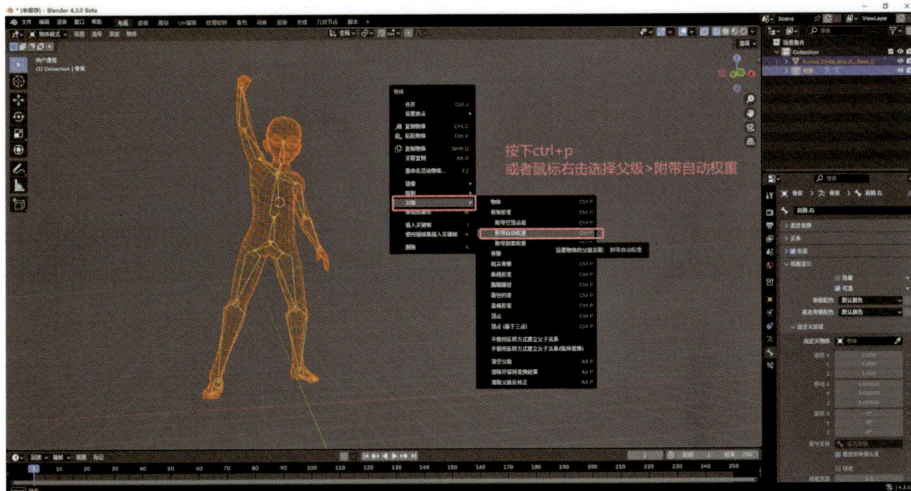

图 1-33

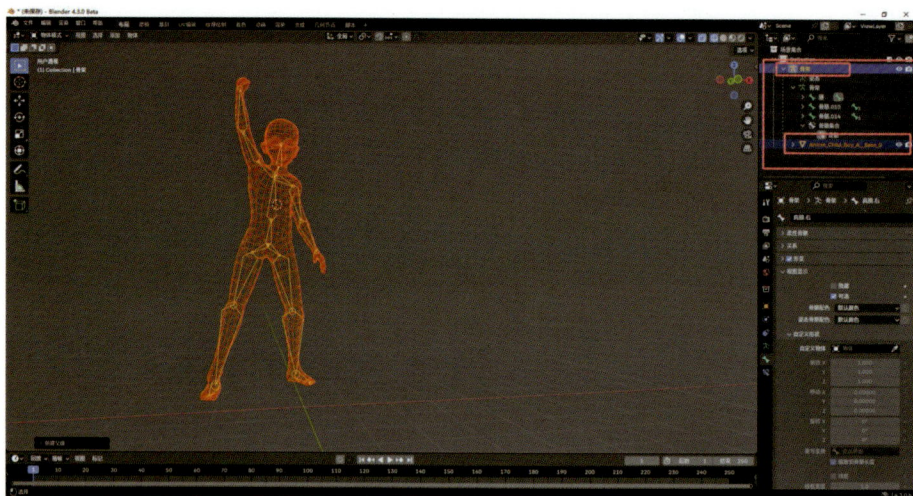

图 1-34

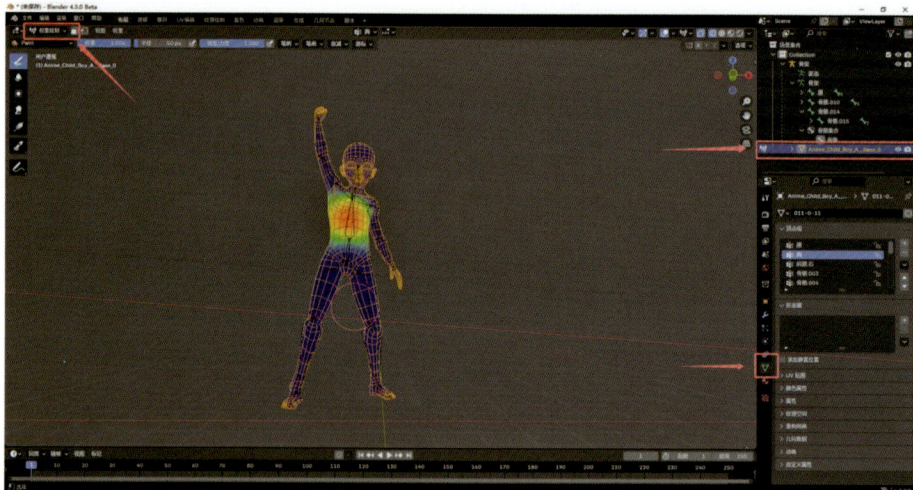

图 1-35

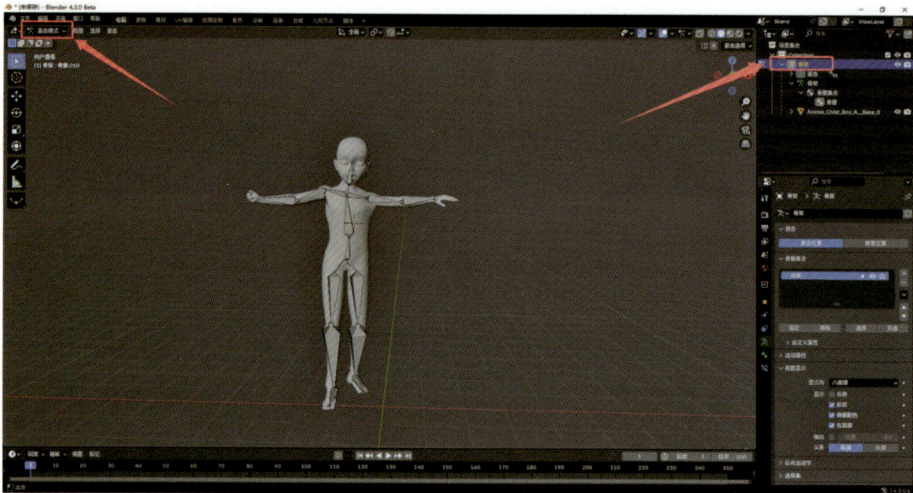

图 1-36

小结

在 Blender 中，角色骨骼绑定是将角色网格与骨骼结构相关联的过程，使得网格能够随骨骼的运动进行动态调整。在制作过程中，需注意骨骼的位置和方向是否与网格相匹配，以及进入姿势模式后骨骼是否变形等问题。掌握骨骼创建技巧后，可为后续的动画制作奠定坚实基础。

任务 1.3　角色模型建模调优

（1）工作情景描述

依据虚拟现实应用设计与制作职业技能等级证书（中级），根据某虚拟现实数字化开发有限公司（以下简称公司）策划部下发的策划书要求，开展一系列角色模型的整理与优化工作，确保成果能够交付至下一环节，并达到企业的验收标准。

（2）学习目标

通过本学习任务，学生应能够准确理解企业下发的策划书内容；掌握人物造像的特征与原理；熟练运用 ZBrush、3ds Max 等三维建模软件；对模型进行优化处理与必要修改。

（3）工作项目分析

为提升游戏企业的产品竞争力和用户体验，公司计划对现有游戏中的角色模型进行调优处理。项目目标旨在优化游戏性能、增强视觉效果，并提升玩家的交互体验。具体需求如下：对破面模型进行整理与修改；在保持模型质量的前提下，减少角色模型的面数，以提高渲染效率；调整角色模型的布线，便于后续贴图；确保模型的兼容性，使优化后的模型能在多平台（PC、主机、移动端）上高效运行，特别是在低端设备上仍能保持高性能；优化后的模型需符合游戏引擎的标准。设计主管要求学生在一周内完成任务。学生接到设计主管提供的模型文件后，提出合理化建议。在双方达成一致后，进行模型调优，完成人物角色模型的调优需求核实，并根据对方要求进行修改，直至提供模型源文件，最后填写相关单据。

（4）任务分组

将学生分为 4～5 人一组，完成角色模型调优升级的任务，组长负责填写表 1-11。

表 1-11

组别	工作任务：按照项目要求，完成角色模型的调优升级
1	
2	
3	
4	

（5）工作准备

①每组根据工作项目需求，依次进行分析和讨论，提交角色模型调优升级流程的时间计划表；

②查阅虚拟现实应用设计与制作职业技能等级证书（中级）中的相关内容，以及游戏行业的相关标准；

③结合项目任务书，分析角色模型优化升级过程中的难点和常见技术问题。

（6）引导问题

① VR 角色模型调优升级的步骤是什么？

需求分析与评估：此步骤需从模型现状和设定优化目标两方面进行。首先，分析现有模型的质量、性能问题，以及在哪些平台上出现性能问题，这通常涉及多边形数量、纹理大小、材质复杂度等多方面。其次，根据游戏需求设定优化目标，如减少多边形数量、提高渲染效率、优化动画效果等。同时，需明确各平台，尤其是低端设备上的性能需求表现。

模型简化：此步骤包括多边形数量减少、细节替代、LOD（细节层次）优化三方面。首先，使用建模工具（如 ZBrush、3ds Max 等）减少模型的多边形数量，尽量保持模型外观不变，通过简化结构降低计算负担。其次，利用法线贴图替代高分辨率几何细节，保持视觉效果的同时降低面数。最后，优化 LOD，创建不同复杂度的模型版本，根据游戏中对象与玩家的距离自动切换不同 LOD 级别，以减少性能运算。

性能测试与反馈：在不同平台上测试优化后的模型效果，观察帧率、加载时间、内存占用等关键性能指标，评估模型是否符合性能要求。根据测试反馈进一步进行模型调优，修复潜在的性能问题或视觉瑕疵。

② VR 角色模型调优升级的学习内容是什么？

此部分内容旨在进一步使学生精进 3D 建模技术。在完成任务过程中，通过修改模型来熟练三维软件的操作技巧；掌握拓扑优化技术，学习如何减少模型的多边形数量，理解如何在不显著影响视觉效果的情况下降低模型复杂度，使模型在减少面数的同时保持结构和形态的完整性；了解如何优化角色的骨骼架构，学习减少骨骼节点和骨骼绑定数量的技巧，确保动画系统的高效运行；掌握如何根据测试结果进行优化迭代，不断调整模型的细节与材质，最终在视觉效果和性能之间找到最佳平衡点。

（7）工作计划与实施

每位学生的成绩评定通过学生自评、小组互评和教师评价三个阶段完成，其中综合评价结果由自评（20%）、小组互评（30%）与教师评价（50%）三部分按比例构成。

表 1-12

序号	姓名	角色名称	设计时间		备注
			优化前	优化后	
1					
2					
3					

（8）评价反馈

每个学生完成学习情境的成绩评定，按照学生自评、小组互评、教师评价三个阶段进行，并按自评占比 20%、小组互评占比 30%、教师评价占比 50% 作为每个学生的综合评价结果。

①学生完成自我评价，并将结果填入《学生自评表》（表 1-13）中。

表 1-13

学习情景 1		角色模型建模调优		
序号	评价项目	评价标准	分值	得分
1	软件使用	能独立使用 ZBrush、3ds Max 等三维建模软件	10	
2	工具操作	能熟练操作数位板对角色进行雕刻和塑造	10	
3	造型表达	角色人体比例正确，五官四肢塑造协调合理	10	
4	服饰塑造	能准确还原塑造出要求的角色服饰，注重服饰的疏密松紧、整体走向、与角色人体的关系	10	
5	模型调优	能在不影响模型视觉效果的情况下，尽可能降低模型面数和保持完整性	20	
6	工作态度	态度端正，主动思考，积极推进工作	10	
7	工作质量	能按照要求建模，按标准完成工作任务	10	
8	协调能力	与小组成员、同学之间能合作交流，协调工作	5	

续表

学习情景 1		角色模型建模调优		
序号	评价项目	评价标准	分值	得分
9	职业素质	积极主动查阅并借鉴相关资料	5	
10	创新意识	在模型造型塑造上有创新点	10	
		合计	100	

②学生以小组为单位，对角色建模调优的过程与结果进行互评，将互评结果填入《学生互评表》（表 1-14）中。

表 1-14

学习情景 1		角色模型建模调优									
评价项目	分值	等级				评价对象（组别）					
						1	2	3	4	5	6
计划安排	8	优	良	中	差						
工具操作	8	优	良	中	差						
造型能力	8	优	良	中	差						
服饰塑造	8	优	良	中	差						
模型优化	8	优	良	中	差						
工作态度	8	优	良	中	差						
工作质量	16	优	良	中	差						
协调能力	16	优	良	中	差						
职业素质	10	优	良	中	差						
创新意识	10	优	良	中	差						
合计	100										

③教师对学生工作过程和结果进行评价，并将评价结果填入《教师综合评价表》（表 1-15）中。

表 1-15

学习情景 1		角色模型建模调优		
评价项目		评价标准	分值	得分
考勤（10%）		无无故迟到、早退、旷课现象	10	
工作过程（60%）	软件使用	能独立使用 ZBrush、3ds Max 等三维建模软件	5	
	工具操作	能熟练操作数位板对角色进行雕刻和塑造	5	
	造型表达	角色人体比例正确，五官四肢塑造协调合理	5	

续表

学习情景 1		角色模型建模调优		
评价项目		评价标准	分值	得分
工作过程（60%）	角色优化	模型面数较少的同时不影响视觉效果	5	
	服饰塑造	能准确还原塑造出要求的角色服饰，注重服饰的疏密松紧、整体走向、与角色人体之间的关系	5	
	工作态度	态度端正，主动思考，积极推进工作	10	
	工作质量	能按照要求建模，按计划完成工作任务	5	
	协调能力	与小组成员、同学之间能合作交流，协调工作	5	
	职业素质	积极主动查阅并借鉴相关资料	5	
	创新意识	在模型造型塑造上有创新点	10	
项目成果（30%）	工作规范	能按工作规范进行设计	10	
	设计效果	能正确识读项目书并按要求进行模型优化	10	
	成果展示	成果效果良好，具有完整性	10	
合计			100	
综合评价	自评（20%）	小组互评（30%）	教师评价（50%）	综合得分

（9）学习提示

①创作思路

模型调优是游戏设计中的一个关键步骤，对游戏的运行性能和玩家体验有着重要影响。在获取模型源文件后，需首先检查模型表面是否存在破损或破洞，如有，则需先进行修补。随后，对当前模型的布线进行拓扑优化，并查看模型的面数。在减少面数的同时，确保模型的整体形态和完整性。

②工具运用

该项目将使用 ZBrush 软件对角色模型进行优化处理，使学习者能够掌握多种专用于模型简化、细节保留以及性能提升的工具。

Dynamesh：这是一种动态网格重构工具，能够在雕刻过程中实时调整模型的拓扑结构，并通过自动重新网格化保持拓扑结构的一致性。通过此工具，学习者可以学会在模型优化时快速重建拓扑，并清除不规则几何体。

ZRemesher：ZBrush 中的自动化重新拓扑工具，能够将复杂模型转化为更优的拓扑结构，特别适用于需要简化模型的情况。同时，它能够保留模型的细节和形态。通过此工具，学习者可以学会优化多边形布局，减少多边形的数量，同时保持模型外观的完整性。通过调节 ZRemesher 的设置，可以控制最终模型的面数和流线结构。

③任务拆分

对于角色模型建模这一项目，大致可将其分为以下几个关键步骤（图 1-37）。

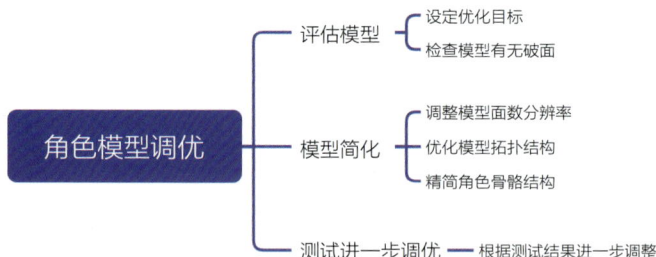

图 1-37　工作任务思维导图

（10）具体操作步骤

接下来以工作项目为例，简单演示角色模型调优的关键步骤。角色建模调优步骤如下：

①在 ZBrush 建模软件中，按住鼠标右键旋转模型，检查模型表面是否存在破面或破损情况（图 1-38）。

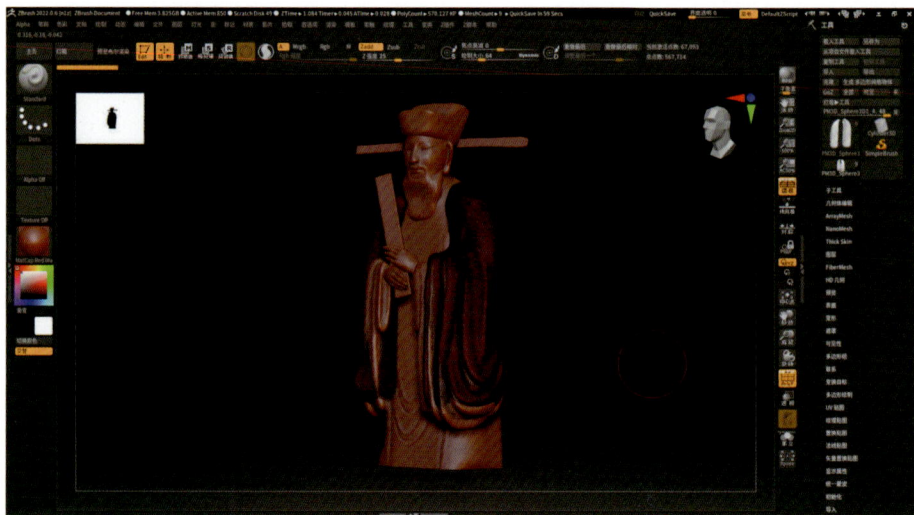

图 1-38

②若模型表面存在深色缺口（即破面）（图 1-39），则使用工具栏中的修改拓扑工具进行自动修复，封闭缺口（图 1-40）。此步骤旨在修改高模文件，为后期的贴图和烘焙做好准备（图 1-41）。

③打开 Line 显示模式，对修复后的模型使用 ZRemesher 进行自动重新拓扑，以使模型表面的布线更规整（图 1-42）。

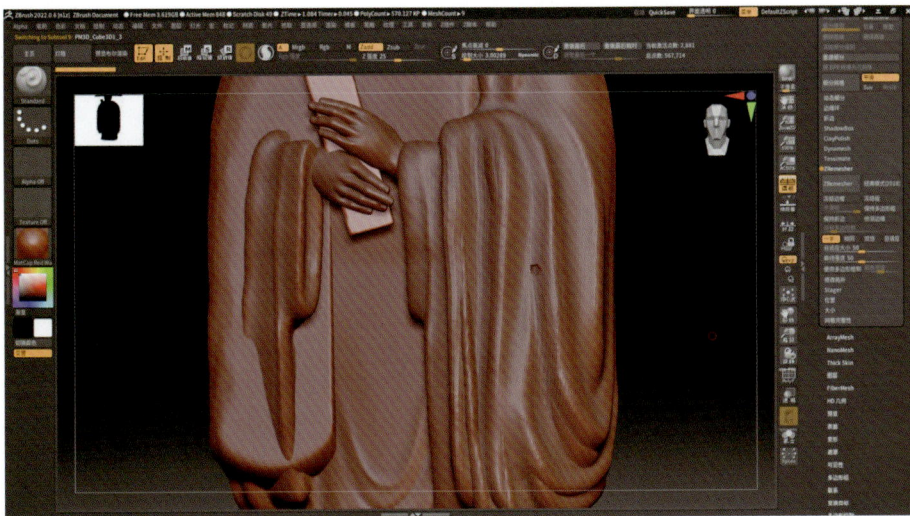

图 1-39

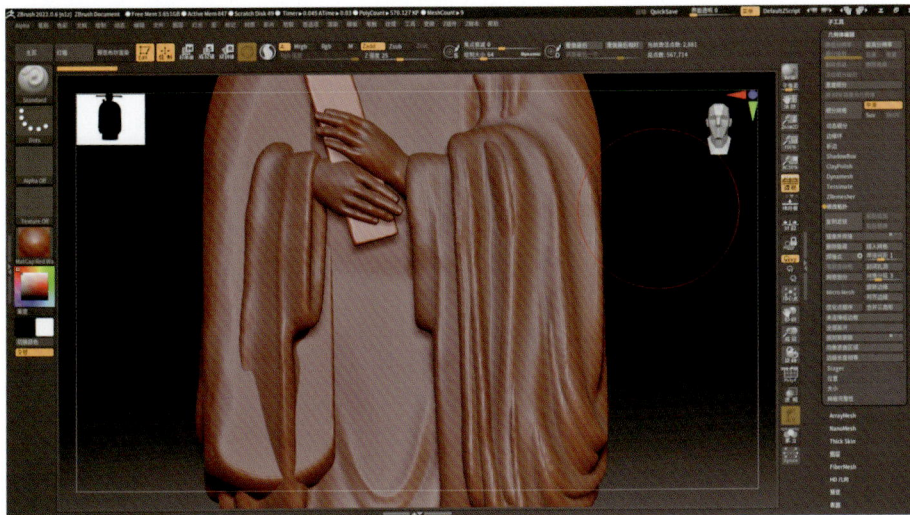

图 1-40

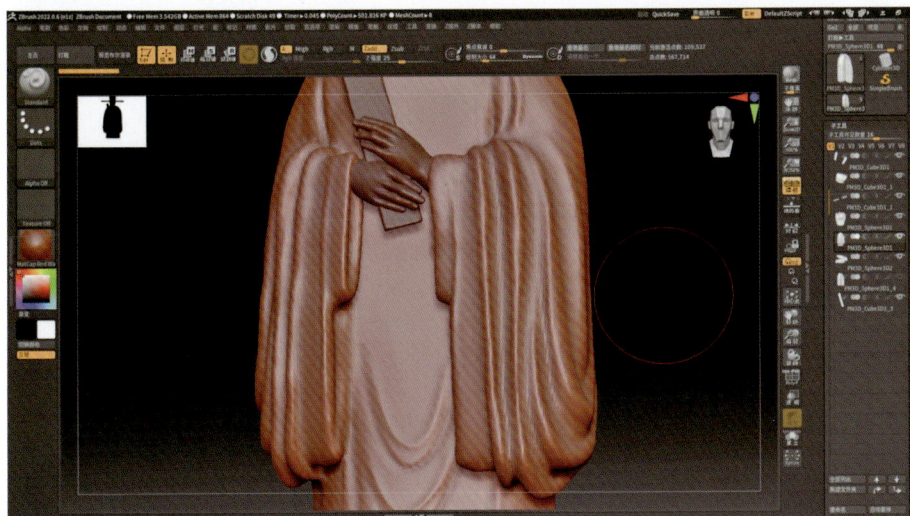

图 1-41

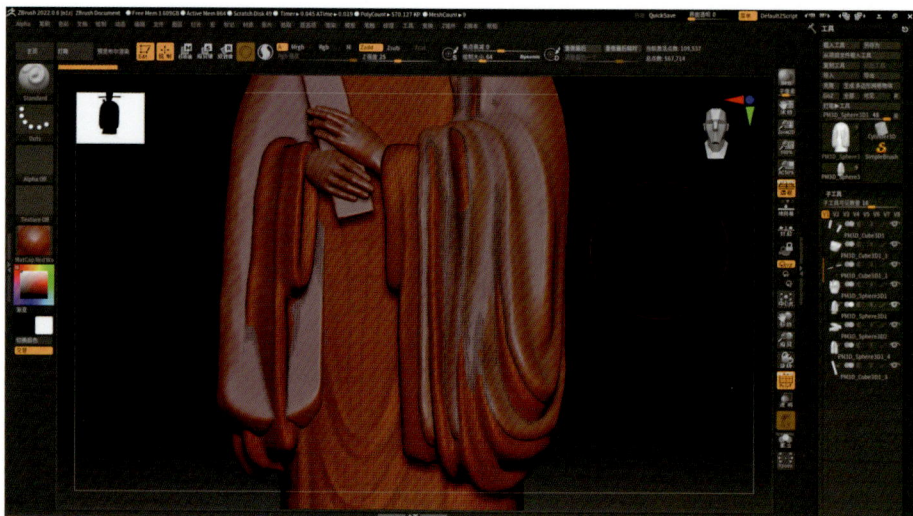

图 1-42

④利用 Dynamesh 工具对模型进行快速拓扑调整，调整模型的分辨率，清除模型上的不规则几何体，保持均匀的多边形分布（图 1-43）。

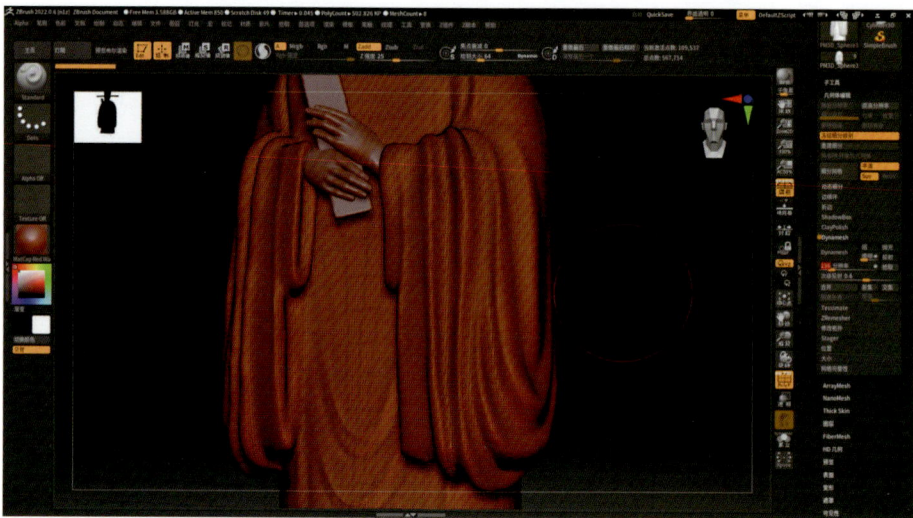

图 1-43

小结

本工作项目紧密结合专业实际，旨在讲好中国故事，传递中国文化。通过将大足石刻柳本尊行化事迹图中的宋代文官像融入教学，学生在掌握建模基础的同时，可进一步深入学习模型优化处理的方法与技巧。

任务 1.4　模型建模考核

（1）工作情景描述

角色模型的创建、骨骼绑定以及模型优化工作均已顺利完成，现公司即将进行标准化验收。此过程包含多个关键环节，旨在确保角色在游戏中的表现达到预期标准。依据虚拟现实应用设计与制作职业技能等级证书（中级）相关内容，在完成前三个工作任务后，须提交所有相关文件。公司将根据该项目的验收等级标准，对提交的文件进行全面审核，以确保角色在引擎中展现出最佳效果。

（2）学习目标

通过本学习任务，学生应能够准确理解企业下发的策划书；熟练掌握ZBrush、3ds Max 等三维建模软件的使用；按照设计流程要求，掌握角色模型的创建、骨骼的绑定、模型的优化方法，并按行业相关标准提交文件；完成后，根据任务书要求进行修改，并填写验收清单。

（3）工作项目分析

在前期角色模型建模、骨骼绑定和模型优化工作均已完成的基础上，公司即将进行标准化验收，以确保项目成果符合预期标准。现设计部主管将此任务交予学生，要求在一周内完成。接到任务后，学生须根据公司规定，向策划部门进一步了解模型考核的标准。在双方达成一致后，按照标准对模型进行调整，完成后交由主管及策划部门审定。根据对方的要求进行修改，直至提供模型源文件，并最后填写相关单据。

（4）任务分组

将学生分为 4 ~ 5 人一组，完成角色模型建模考核任务。组长负责填写表1-16。

表 1-16

组别	工作任务：将前期的模型建模、骨骼绑定、优化模型进行标准考核
1	
2	
3	

（5）工作准备

①每组根据工作项目的需求，依次进行分析和探讨，提交角色模型的调优升级流程和时间计划表；

②查阅虚拟现实应用设计与制作职业技能等级证书（中级）对应的标准以

及游戏行业的相关内容；

③结合项目任务书，剖析角色模型优化升级过程中的难点和常见技术问题。

（6）引导问题

模型考核中需要注意的问题是什么？

在模型考核过程中，需要熟悉相关行业考核标准，将模型文件、骨骼文件、优化后的模型文件依照考核标准进行逐一考核。

（7）工作计划与实施

每位学生的成绩评定通过学生自评、小组互评和教师评价三个阶段完成，其中综合评价结果由自评（20%）、小组互评（30%）与教师评价（50%）三部分按比例构成。

表 1-17

序号	姓名	名称	设计时间		是否达标
			行业标准	模型标准	
1		角色建模			
2		骨骼绑定			
3		模型调优			

（8）评价反馈

每个学生完成学习情境的成绩评定，按照学生自评、小组互评、教师评价三个阶段进行，并按自评占比 20%、小组互评占比 30%、教师评价占比 50% 作为每个学生的综合评价结果。

①学生完成自我评价，并将结果填入《学生自评表》（表 1-18）中。

表 1-18

学习情景 1		角色模型标准考核		
序号	评价项目	评价标准	分值	得分
1	软件使用	能独立使用 ZBrush、3ds Max 等三维建模软件	10	
2	工具操作	能熟练操作数位板对角色进行雕刻和塑造	10	
3	造型表达	角色人体比例正确，五官四肢塑造协调合理	10	
4	骨骼绑定	确定骨骼结构位置与层级，不出现穿模变形等情况，保证后期运行的流畅性	10	
5	模型调优	能在不影响模型视觉效果的情况下，尽可能降低模型面数和完整性	10	
6	行业标准	是否达到虚拟现实应用设计与制作职业技能等级证书（中级）要求的行业标准	10	

续表

学习情景 1		角色模型标准考核		
序号	评价项目	评价标准	分值	得分
7	工作质量	能按照要求建模，按标准完成工作任务	10	
8	协调能力	与小组成员、同学之间能合作交流，协调工作	10	
9	职业素质	积极主动查阅并借鉴相关资料	10	
10	创新意识	在模型造型塑造上有创新点	10	
	合计		100	

②学生以小组为单位，对角色建模调优的过程与结果进行互评，将互评结果填入《学生互评表》中（表 1-19）。

表 1-19

学习情景 1		角色模型标准考核										
评价项目	分值	等级						评价对象（组别）				
		优		良		中		差	1	2	3	4	5	6
计划安排	8	优		良		中		差						
工具操作	8	优		良		中		差						
建模能力	8	优		良		中		差						
骨骼创建	8	优		良		中		差						
模型优化	8	优		良		中		差						
工作态度	8	优		良		中		差						
工作质量	16	优		良		中		差						
协调能力	16	优		良		中		差						
职业素质	10	优		良		中		差						
创新意识	10	优		良		中		差						
合计	100													

③教师对学生工作过程和结果进行评价，并将评价结果填入《教师综合评价表》中（表 1-20）。

表 1-20

学习情景 1		角色模型考核		
评价项目		评价标准	分值	得分
考勤（10%）		无无故迟到、早退、旷课现象	10	
工作过程（60%）	软件使用	能独立使用 ZBrush、3ds Max 等三维建模软件	5	
	工具操作	能熟练操作数位板对角色进行雕刻和塑造	5	

续表

学习情景 1		角色模型考核		
评价项目		评价标准	分值	得分
工作过程（60%）	造型表达	角色人体比例正确，五官四肢塑造协调合理	5	
	角色优化	模型面数较少的同时不影响视觉效果	5	
	骨骼绑定	确定骨骼结构位置与层级，不出现穿模变形等情况，保证后期运行的流畅性	5	
	工作态度	态度端正，主动思考，积极推进工作	10	
	工作质量	能按照要求建模，按计划完成工作任务	5	
	协调能力	与小组成员、同学之间能合作交流，协调工作	5	
	职业素质	积极主动查阅并借鉴相关资料	5	
	创新意识	在模型造型塑造上有创新点	10	
项目成果（30%）	工作规范	能按工作规范进行设计	10	
	设计效果	能正确识读项目书并按要求进行模型优化	10	
	成果展示	成果效果良好，具有完整性	10	
合计			100	
综合评价	自评（20%）	小组互评（30%）	教师评价（50%）	综合得分

（9）学习提示

①创作思路

模型验收是模型建模、角色骨骼绑定和模型优化之后的一大关键步骤。通常，对于模型进行标准验收，需先确定验收标准和规范，接着，对模型的完整性和规范性做初步审查，验证模型的多边形数量、拓扑结构等。同时，确保骨骼绑定的准确性，以及权重绘制和关节位置的合理性。待所有问题解决后，进行最终验收，提交验收报告，完成验收流程，确保游戏的质量和性能符合运行标准。

②工具运用

熟练使用 ZBrush、3ds Max 等三维建模软件，用于模型的创建及查看、检查模型的拓扑、细节和结构。熟练运用骨骼绑定工具，检查角色的骨骼绑定和动画效果，确保动作流畅自然。

③任务拆分

确定行业标准：虚拟现实应用设计与制作职业技能等级分为初级、中级、高级三个等级，依次递进，高级别涵盖低级别职业技能要求。根据虚拟现实应用设计与制作职业技能等级（中级）的要求，须掌握人物原画设计和场景原画设计的基础方法；能进行简单角色模型、场景高模、基础数字雕刻、基础 UV 贴图和材质调节、三维基础动作制作、三维渲染调优。

三维角色基础制作方面：能使用多款软件进行三维角色模型的创建；能熟练掌握和应用三维空间体系；能独立分析简单角色需求并拆解制作步骤；能独立制作完成造型简单的角色模型，如静态摆件、卡通形象、桌面模型雕塑等；能正确控制角色模型关节处的动画布线；能很好地控制环境中所有物体的面数；能使用数位板进行基础数字雕刻建模。

三维场景进阶制作方面：能使用多款三维软件进行三维场景及道具模型的创建；对三维空间体系有深刻理解；能独立分析复杂场景道具需求并拆解制作步骤；能独立制作完成复杂静物模型，如机械工具、发动机、载具等；能正确控制场景硬表面模型结构处的布线；能很好地控制环境中所有物体的面数。

三维动作基础制作方面：对动画规律有一定了解；能对简单角色模型进行骨骼创建和骨骼绑定；能设计简单角色动画；对模型的坐标变换系统有一定了解；能完成简单的机械位移动作制作。

小结

根据虚拟现实应用设计与制作职业技能等级证书（中级）所规定的职业技能要求，通过角色建模、角色骨骼绑定、角色模型修改调优的学习与实践，为后续 VR 设计的展开打下坚实基础。

模块二｜VR 渲染技术

典型工作任务分析

能够使用计算机、数位板等工具，熟练掌握建模软件 ZBrush，图形图像制作软件 Photoshop、Substance Painter，模型烘焙软件（如 Substance Painter、Toolbag），UV 编辑软件 RizomUV 等，完成高低模型的整理、拓扑与 UV 拆分、纹理烘焙与贴图制作、角色贴图渲染测试等工作任务。

适用岗位

VR 贴图渲染技术是虚拟现实内容创作中的关键环节，涉及三维模型的细节表现、纹理映射及最终渲染效果。随着虚拟现实技术的广泛应用，相关岗位需求日益增长，尤其在游戏开发、建筑可视化、影视制作等行业。相关岗位包括：

1. 3D 建模师：负责创建虚拟环境中的三维模型，需关注模型细节和多边形数量，确保模型既美观又能在虚拟现实中流畅运行。在贴图渲染过程中，需优化模型拓扑结构，以支持高质量的纹理贴图和光照效果。

2. 贴图师：为三维模型制作纹理，包括基础纹理、法线贴图、环境光贴图（AO）、反射贴图等，确保贴图在不同光照和视角下均具真实感。

3. 材质与渲染工程师：优化和实现 VR 中的材质效果，包括光照模型、材质反射、折射等，需深入了解渲染引擎（如 Unreal Engine、Unity）的功能。

4. VR 艺术设计师：负责 VR 项目的视觉风格和艺术表现，包括贴图、光照、材质的统一性及虚拟空间的色彩搭配，确保各元素视觉效果符合整体设计理念，提升 VR 体验的沉浸感和美观度。

5. 渲染优化工程师：提高 VR 应用中的渲染效率，尤其在贴图和光照复杂的场景中，需减少渲染时间并保持画质。要深入了解图形学、GPU 架构和优化算法，能通过贴图压缩、LOD（细节层次）技术、光照烘焙等方式，确保 VR 场景在低延迟下流畅运行。

职业能力

1. 对物体结构、人体构造有深入了解。
2. 能理解工作任务的设计要求，有计划、有目标地进行模型制作。
3. 具备良好的空间想象力和造型能力。
4. 能根据设计需求独立创建高质量的 3D 角色模型。
5. 具备扎实的绘画功底和色彩感知能力。
6. 了解不同材质的表现特点和绘制技巧。

7.能根据模型的形状和结构准确绘制贴合的贴图。

8.掌握灯光、材质、阴影等渲染技术。

9.具备良好的审美能力和艺术感觉。

10.能根据项目要求和风格进行高质量的渲染输出。

11.具备一定的编程能力。

12.熟悉3D建模、贴图、渲染等相关软件和工具。

13.了解游戏引擎或其他应用平台的工作原理和技术规范。

14.具有良好的沟通能力和团队合作精神，能在技术和艺术之间找到平衡。

1+X职业资格证书

虚拟现实应用设计与制作职业技能等级证书（中级）

任务2.1　高低模整理

（1）工作情景描述

依据虚拟现实应用设计与制作职业技能等级证书（中级）对应的标准，根据某虚拟现实数字化开发有限公司策划部下发的策划书要求，开展角色模型的UV贴图制作与材质渲染工作。在VR角色贴图渲染过程中，高低模的整理、UV展开以及模型烘焙是至关重要的前期准备环节。模型整理为高模和低模后，进行UV展开，将3D模型表面合理地映射到二维平面上，为后续的纹理绘制提供正确的坐标和空间，确保纹理在模型表面的贴合度和准确性。贴图绘制与烘焙能将模型的细节和光影效果以贴图形式保存，为后续的PBR材质渲染提供基础，使材质在渲染时呈现出更加真实的光影和质感。掌握VR渲染技术的创建方法后，可交付至下一环节进行VR模型交互技术的深化制作。

（2）学习目标

通过本学习任务，掌握在VR角色模型高模、低模整理过程中，如何通过合理优化和细节还原，在保证视觉质量的同时提升模型性能。学会将高模转换为低模，并在此过程中进行合理的拓扑优化。低模模型需要控制多边形数量，同时保持尽可能多的细节，特别是重要部位如面部、手部等。这样才能确保在VR环境中表现良好且流畅运行，达到性能与视觉效果的平衡，为高质量的虚拟现实体验奠定坚实基础。

（3）工作项目分析

为推动文化事业和文化产业的繁荣发展，某游戏公司策划部门计划开发一款与传统文化主题相关的游戏产品。该游戏选取大足石刻宝顶山中的人物角色作为游戏主要角色。前期已完成模型创建，学生接到主管任务后，根据公司规定，进一步整理模型，输出高模和低模，以便后续 UV 展开及材质贴图绘制。经双方协商一致，完成初步的高模和低模输出，经过修改调整，征得对方同意后，提交高低模给主管及策划部门审定。根据对方要求进行修改，直至提供模型源文件，最后填写相关单据。

（4）任务分组

将学生分为 4 ~ 5 人一组，完成模型的高模与低模整理任务，组长负责填写表 2-1。

表 2-1

组别	工作任务：按照项目要求，完成高模与低模的制作任务
1	
2	
3	
4	

（5）工作准备

①每组根据工作任务书的需求，依次进行分析和探讨，填写并提交质量技术记录；

②了解石刻造像项目以及人物角色背后的历史背景和文化内涵；

③结合项目任务书，剖析角色模型高模与低模制作的难点和常见技术问题。

（6）引导问题

①高模细节的雕刻是否已达到角色设计的需求？哪些区域需特别关注？

高模细节需满足角色设计要求。应特别关注面部表情、手部细节，以及衣物褶皱、武器、饰品等，以体现宋代石刻的精细之处。

②在 ZBrush 中如何处理复杂的几何形状和细节效果？

使用 Dynamesh 工具处理初步雕刻和复杂几何形状，确保形状无缝连接，避免几何漏洞。对于更精细的雕刻，使用 SubDivide 工具增加多边形密度，以便更细致地雕刻表面细节。

③低模的多边形数量是否符合游戏和 VR 平台的性能要求？哪些部分的多边形可进一步优化？如何通过 ZBrush 调整来优化低模的面数和流畅性？

低模的多边形数量需根据游戏和 VR 平台的性能需求进行优化。应减少角色衣物和背部等处的不必要的多边形。面部和手部等重要部位需保留足够细节，以保证表情和动作的流畅表现。使用 ZRemesher 工具进行初步拓扑优化，对细节密集区域进行手动调整，以确保拓扑的流畅性和细节保留。

（7）工作计划与实施

每位学生的成绩评定通过学生自评、小组互评和教师评价三个阶段完成，其中综合评价结果由自评（20%）、小组互评（30%）与教师评价（50%）三部分按比例构成。教师审查每个小组的方法计划（表 2-2），并依次对每组进行指导调整。

表 2-2

序号	姓名	角色名称	设计时间		备注
			参考图	角色模型	
1					
2					
3					

（8）评价反馈

每个学生完成学习情境的成绩评定，按照学生自评、小组互评、教师评价三个阶段进行，并按自评占比 20%、小组互评占比 30%、教师评价占比 50% 作为每个学生的综合评价结果。

①学生完成自我评价，并将结果填入《学生自评表》（表 2-3）中。

表 2-3

学习情景 1		高模低模整理		
序号	评价项目	评价标准	分值	得分
1	软件使用	能独立使用 ZBrush、3ds Max 等三维建模软件	10	
2	工具操作	能熟练操作数位板对角色进行雕刻和塑造	10	
3	拓扑布线	拓扑结构合理，无多余多边形	20	
4	角色动态	角色动态无明显僵硬感，形象生动	10	
5	细节完整	高模细节雕刻精致完整	10	
6	工作态度	态度端正，主动思考，积极推进工作	10	
7	工作质量	能按照要求建模，按标准完成工作任务	10	
8	协调能力	与小组成员、同学之间能合作交流，协调工作	5	
9	职业素质	积极主动查阅并借鉴相关资料	5	
10	创新意识	在模型造型塑造上有创新点	10	
		合计	100	

②学生以小组为单位，对角色建模设计的过程与结果进行互评，将互评结果填入《学生互评表》（表2-4）中。

表 2-4

学习情景 1		高模低模整理									
评价项目	分值	等级				评价对象（组别）					
计划安排	8	优	良	中	差	1	2	3	4	5	6
工具操作	8	优	良	中	差						
造型能力	8	优	良	中	差						
拓扑布线	8	优	良	中	差						
细节完整	8	优	良	中	差						
工作态度	8	优	良	中	差						
工作质量	16	优	良	中	差						
协调能力	16	优	良	中	差						
职业素质	10	优	良	中	差						
创新意识	10	优	良	中	差						
合计	100										

③教师对工作过程和结果进行评价，并将评价结果填入《教师综合评价表》（表2-5）中。

表 2-5

学习情景 1		高模低模整理		
评价项目		评价标准	分值	得分
考勤（10%）		无无故迟到、早退、旷课现象	10	
工作过程（60%）	软件使用	能独立使用 ZBrush、3ds Max 等三维建模软件	5	
	工具操作	能熟练操作数位板对角色进行雕刻和塑造	5	
	拓扑布线	拓扑结构合理，无多余多边形	5	
	角色动态	角色动态无明显僵硬，形象生动	5	
	细节完整	高模细节雕刻精致完整	5	
	工作态度	态度端正，主动思考，积极推进工作	10	
	工作质量	能按照要求建模，按标准完成工作任务	5	
	协调能力	与小组成员、同学之间能合作交流，协调工作	5	
	职业素质	积极主动查阅并借鉴相关资料	5	
	创新意识	在模型造型塑造上有创新点	10	

续表

学习情景 1		高模低模整理		
评价项目		评价标准	分值	得分
项目成果 （30%）	工作规范	能按工作规范进行设计	10	
	设计效果	能正确识读策划书并按要求进行高模和低模整理	10	
	成果展示	成果效果良好，具有完整性	10	
合计			100	
综合评价	自评 （20%）	小组互评 （30%）	教师评价 （50%）	综合得分

（9）学习提示

①创作思路：高模创作旨在捕捉模型细节，而低模则旨在将高模的复杂结构简化为更简洁的几何形状，同时保留足够多的视觉细节以满足渲染和动画需求。前期建模工作已完成，在此基础上，利用 ZBrush 中的 Dynamesh 功能整理高模文件，注重细节效果的呈现。低模制作则需在高模基础上，通过 ZBrush 中的 ZRemesher 和 Dynamesh 工具简化几何形状，确保模型拓扑结构流畅。

②工具运用：本项目旨在让学生学会使用 ZBrush 软件进行高模整理和低模制作。在低模优化过程中，需运用 ZBrush 中的 ZRemesher 和 Dynamesh 工具，以生成适合后续工作流程的拓扑结构，并构建多边形基础网格。

③任务拆分：高模和低模整理项目可大致分为以下几个关键步骤（图 2-1）。

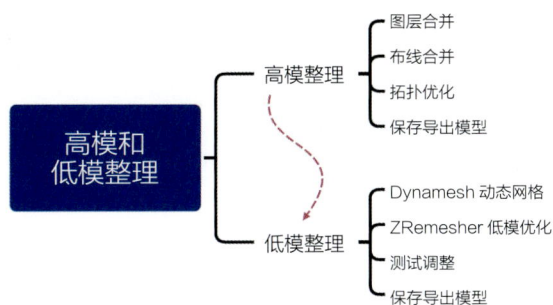

图 2-1　工作任务思维导图

（10）具体操作步骤

以下以工作任务为例，演示角色模型高模和低模整理的关键步骤。

①在画布中拖入之前完成的模型文件（图 2-2）。

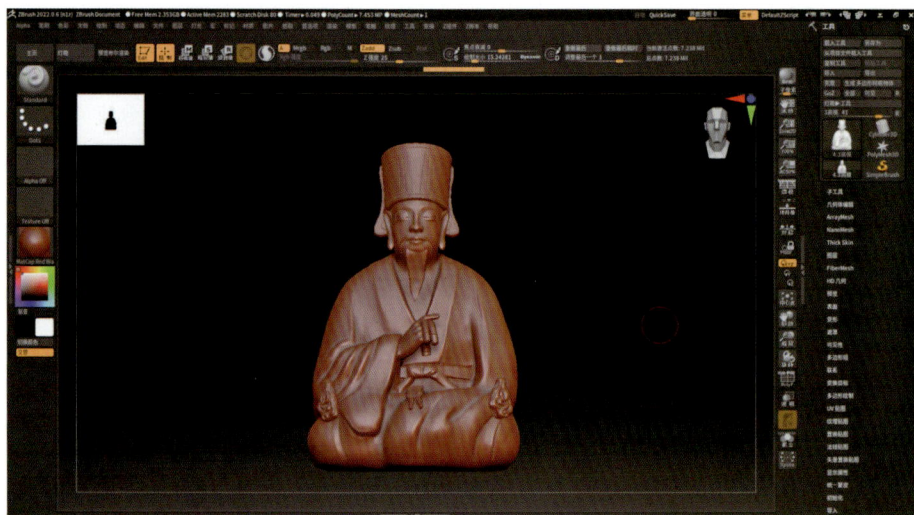

图 2-2

②合并相同材质的模型，例如：将帽身与两边帽檐图层合并，并单独呈现（图 2-3）。

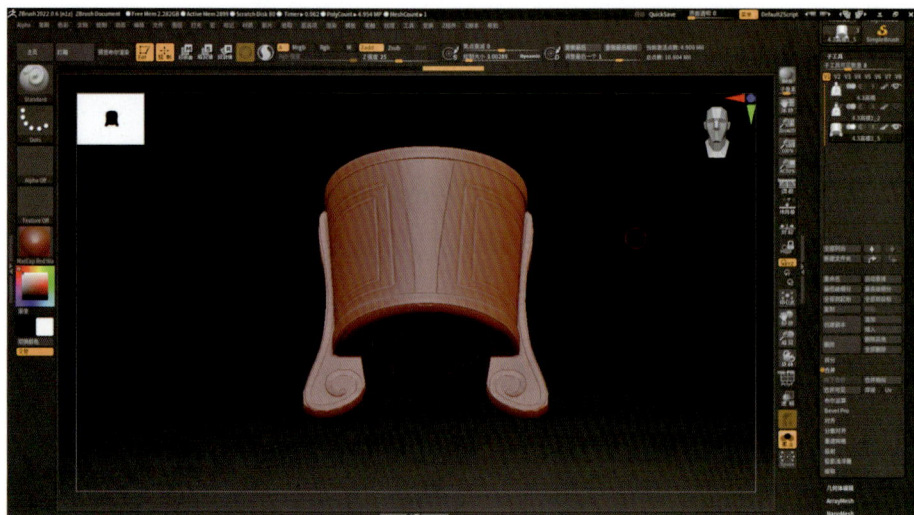

图 2-3

③对帽子进行布线合并，开启 Line 模式（图 2-4），未合并的模型线条呈断开状态（图 2-5）。

④运用 Dynamesh 工具对模型进行重新网格化处理，调整分辨率以合并模型布线（图 2-6）。需注意，分辨率越高，画面细节越多，但会增加电脑运算负担，因此需根据画面需求调整分辨率。

⑤用 Dynamesh 工具处理后的模型可能会出现变形、扭曲等问题，需进行拓扑优化。使用 ZRemesher 进行自动拓扑，优化网格线条的流畅性（图 2-7）。

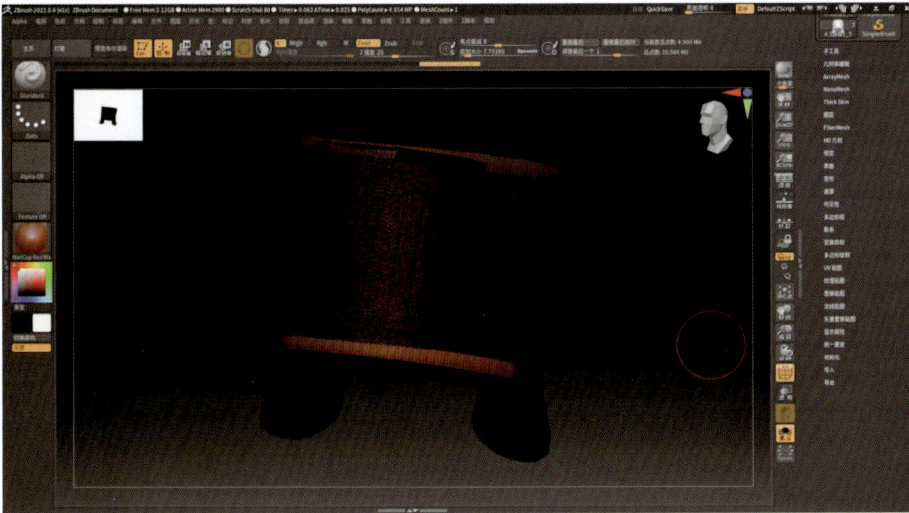

图 2-4

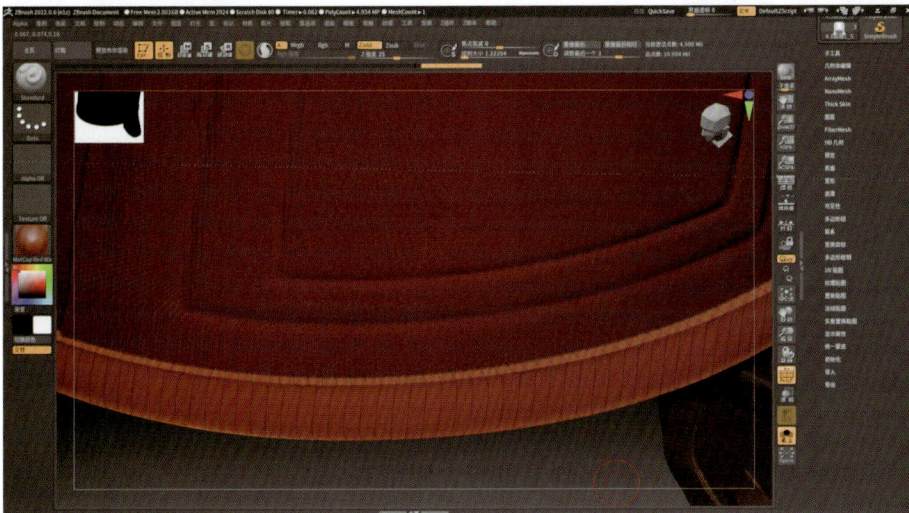

图 2-5

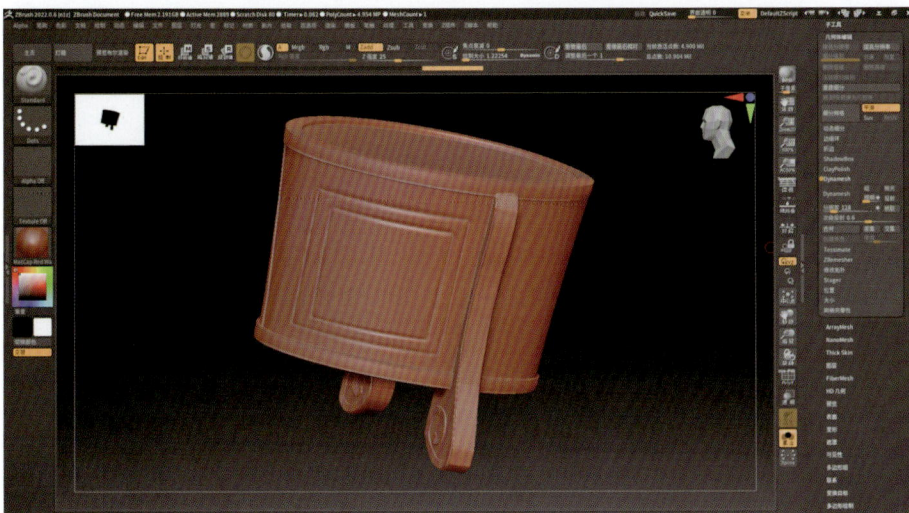

图 2-6

图 2-7

⑥取消帽子的孤立操作，对其他部位采用相同步骤整理高模。整理完成后，导出并保存模型文件（图 2-8）。

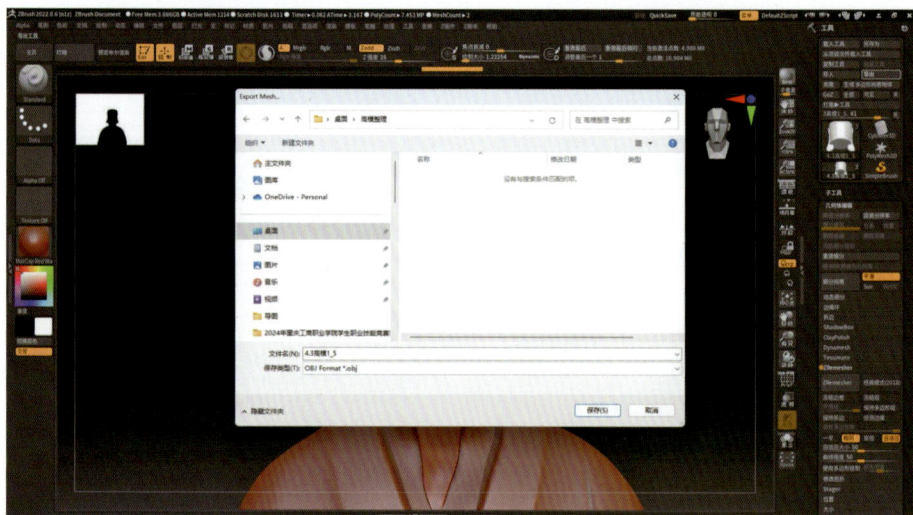

图 2-8

⑦低模整理需在高模基础上进行，使用 Dynamesh 工具降低模型分辨率（图 2-9）。

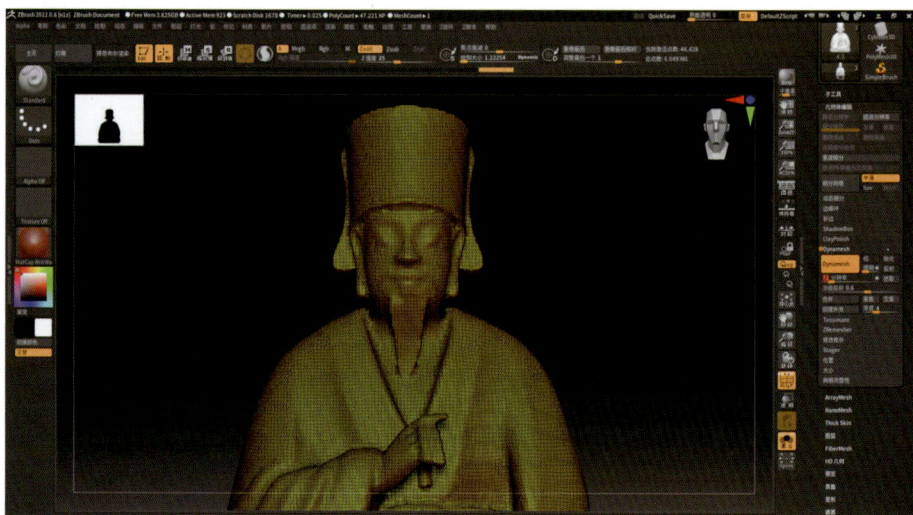

图 2-9

⑧对降低分辨率后的模型进行拓扑整理，使用 ZRemesher 进行自动拓扑，保持线条和网格的拓扑流向良好（图 2-10）。

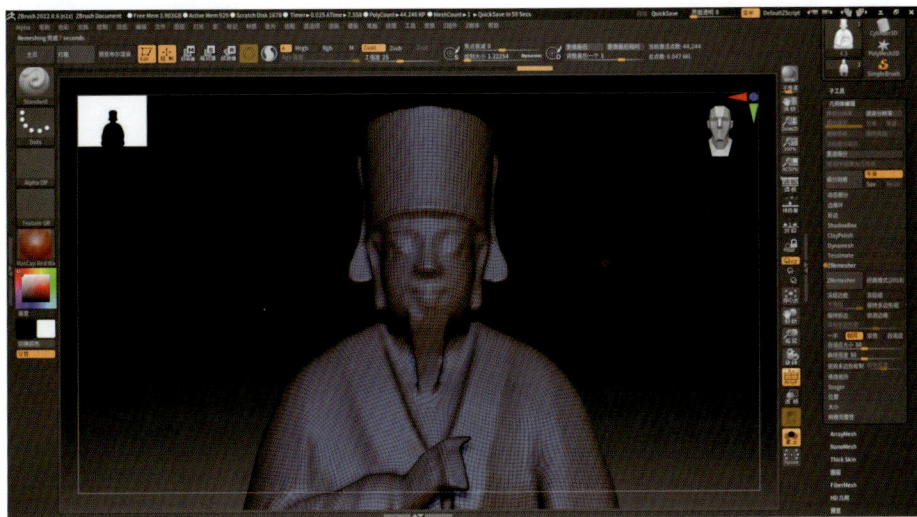

图 2-10

⑨旋转模型，检查各角度的线条布线是否均匀（图 2-11）。

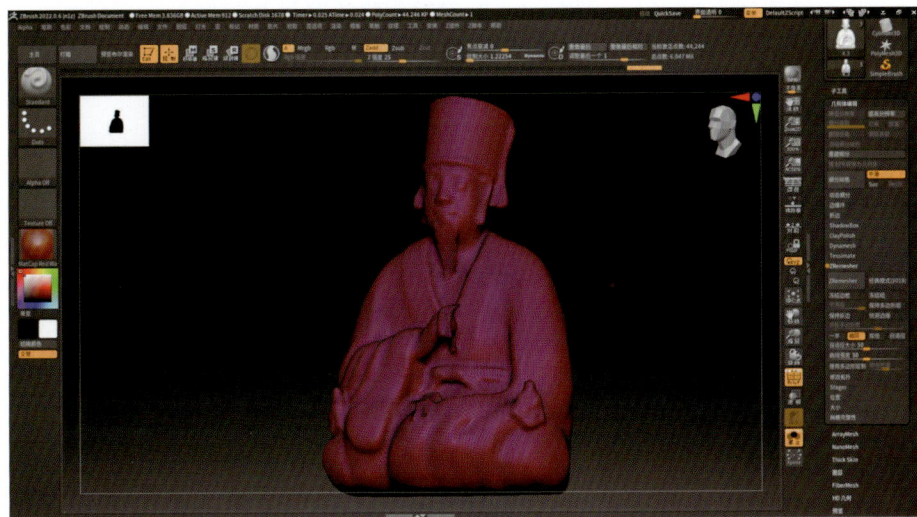

图 2-11

⑩对检查后的低模文件进行导出并保存（图 2-12）。

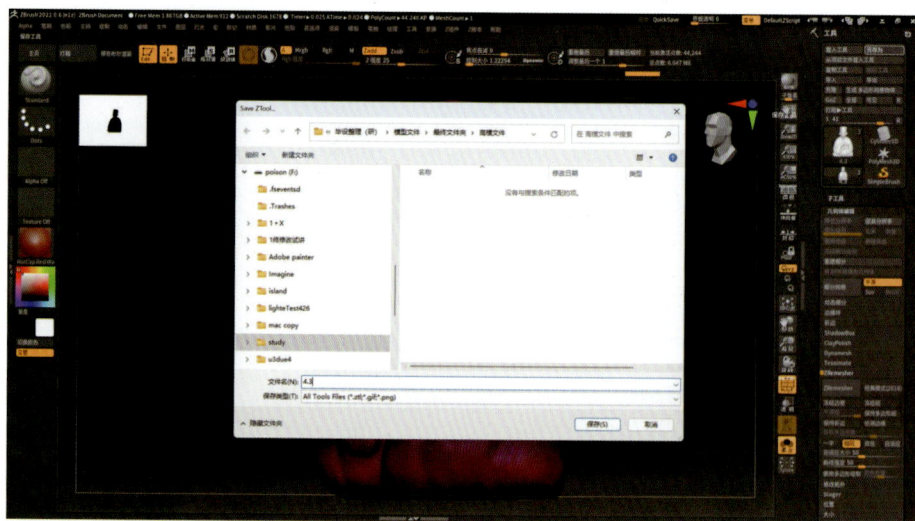

图 2-12

小结

本项目与专业紧密结合，旨在讲好中国故事，传递本土文化，坚持统一性与多样性相结合。通过以大足石刻柳本尊行化事迹图中的柳本尊像为载体，助力学生实现从熟手到能手、再到巧手、最后到匠才的转变。

任务 2.2 UV 贴图展开

（1）工作情景描述

依据虚拟现实应用设计与制作职业技能等级证书（中级）的标准，以及某虚拟现实数字化开发有限公司策划部下发的策划书要求，进行模型 UV 展开的制作工作。在 VR 角色贴图渲染的过程中，UV 展开是至关重要的前期准备环节。通过精确的 UV 分布，可以将 3D 模型的表面合理地映射到二维平面上，为后续的纹理绘制提供准确的坐标空间，从而确保纹理在模型表面的贴合度和准确性。具体工作包括使用专业的 UV 编辑软件（如 RizomUV 等）对模型进行精准的 UV 展开，妥善处理模型各部分的 UV 布局，避免拉伸和重叠。这些工作的完成质量将直接影响模型烘焙、纹理绘制和材质渲染的效果，最终决定 VR 角色在虚拟环境中的视觉表现和真实感，使其符合项目的整体要求，并顺利推进至下一制作环节。

（2）学习目标

通过本学习任务，学生能准确理解企业下发的策划书，明确其中关于 UV

展开的具体要求和相关规范，包括模型精度、细节表现以及与整体项目风格的一致性要求等；掌握 UV 坐标的概念及其在纹理映射中的重要性，了解模型烘焙如何通过计算光照信息等生成对后续材质渲染至关重要的贴图；熟练运用 RizomUV 等 UV 编辑软件进行高效、准确的操作，熟悉软件中的各种工具和功能，如切割、缝合、调整 UV 布局等，以应对不同复杂程度的模型 UV 展开需求；学会分析在 UV 展开过程中可能出现的问题，如 UV 接缝明显、纹理拉伸变形等，并能采取有效的解决措施，如调整参数、优化模型结构或使用相关修复工具等，以确保工作顺利进行并保证结果高质量呈现。

（3）工作项目分析

某游戏公司的策划部门计划开发一款以传统文化为核心主题的游戏产品，旨在促进文化的交流与传播。该项目选定了大足石刻宝顶山中的人物角色作为游戏中的主要角色。前期已完成模型的创建及高低模的整理工作。学生从主管处接到任务后，根据公司规定，需进一步进行 UV 贴图的展开工作。在双方协商一致后，完成初步 UV 展开的制作，经过修改调整并征得对方同意后，完成项目制作并提交给主管及策划部门审定。学生需要根据相关要求进行修改，直至提供模型源文件，最后填写相关单据。

（4）任务分组

将学生分为 4～5 人一组，完成模型 UV 展开的任务，组长负责填写表 2-6。

表 2-6

组别	工作任务：按照项目要求，搜索角色人物的多角度图片作为参考，完成 VR 模型 UV 的展开
1	
2	
3	
4	

（5）工作准备

①每组根据工作任务书的需求，明确任务目标，进行准确的 UV 展开，充分理解相关要求和标准；

②深入讨论模型特点、材质需求及可能的风格方向，确定整体工作思路；

③制定详细的工作方案，明确个人职责，确保工作流程顺畅高效；

④熟练掌握 UV 编辑软件的操作，结合任务书分析 UV 展开过程中可能遇到的难点和技术问题，提前准备解决方案。

（6）引导问题

①UV展开的原理及技术：什么是UV坐标？它在3D模型纹理映射中的作用是什么？如何理解UV展开过程中对模型表面的分割和布局原则？

UV坐标是指在3D模型的表面为每个顶点指定UV坐标的过程。每个顶点都会被赋予一个UV坐标，这些坐标决定了该点在纹理上的位置，指示渲染引擎如何在二维纹理上找到相应的表面位置。在3D模型中，所有的纹理信息都是基于UV坐标来进行映射的。纹理会根据每个顶点的UV坐标被正确地"映射"到模型的表面，这是将二维图像纹理应用到三维模型的关键。

在3D模型的UV展开过程中，切割是将模型表面分割成多个UV岛的过程，每个UV岛对应3D模型的一个连贯表面片段。为了能将3D模型的表面"展开"到2D平面上，必须在模型表面选择合适的切割线，这些切割线通常称为接缝或UV接缝。

②UV的优化和布局：UV的空间利用率有多重要？是否需要避免UV接缝出现在如面部、褶皱等细节丰富的区域？

UV空间利用率非常重要，尤其是在纹理分辨率较低的情况下。在展开UV的过程中，需要最大化纹理空间的利用，避免浪费空白区域，同时确保重要区域有足够的分辨率。UV接缝的设置应尽量避开细节丰富的区域，因为接缝会导致纹理不连贯或产生视觉上的瑕疵，通常会设置在模型的边缘或不显眼的区域。

③UV的切割与接缝：哪些地方会出现明显的接缝，是否需要通过局部切割减少接缝的衔接？

接缝可能出现在模型人物的关节处以及衣物的接缝位置，需要注意这些地方的切割方式，确保接缝不影响最终纹理的效果。在复杂区域，可以通过局部切割来减少明显的接缝。使用Unwrap或Pinning功能可以帮助减轻接缝在视觉上的影响。

（7）工作计划与实施

每组学生须认真阅读策划书，根据策划书的要求制定自己的计划和方法，并搜集相关的效果图作为角色渲染的参考素材。小组集中搜集资料并进行讨论后，完成UV展开工作。教师审查每个小组的方法计划（表2-7），并依次对每组进行指导调整。

表2-7

序号	姓名	角色名称	设计时间		备注
			参考图	UV模型	
1					
2					
3					

（8）评价反馈

每位学生的成绩评定通过学生自评、小组互评和教师评价三个阶段完成，其中综合评价结果由自评（20%）、小组互评（30%）与教师评价（50%）三部分按比例构成。

①学生完成自我评价，并将结果填入《学生自评表》（表2-8）中。

表 2-8

学习情景 1		角色模型 UV		
序号	评价项目	评价标准	分值	得分
1	软件使用	能独立使用 RizomUV 等 UV 软件	10	
2	工具操作	能熟练操作软件中的各种工具完成模型 UV 的制作	10	
3	造型表达	角色人体比例正确，五官四肢塑造协调合理	20	
4	角色动态	角色动态无明显僵硬，形象生动	10	
5	UV 接缝	模型表面无明显接缝切割	10	
6	工作态度	态度端正，主动思考，积极推进工作	10	
7	工作质量	能按照要求建模，按标准完成工作任务	10	
8	协调能力	与小组成员、同学之间能合作交流，协调工作	5	
9	职业素质	积极主动查阅并借鉴相关资料	5	
10	创新意识	在模型造型塑造上有创新点	10	
合计			100	

②学生以小组为单位，对角色建模设计的过程与结果进行互评，将互评结果填入《学生互评表》（表2-9）中。

表 2-9

学习情景 1		角色模型 UV									
评价项目	分值	等级				评价对象（组别）					
						1	2	3	4	5	6
计划安排	8	优	良	中	差						
工具操作	8	优	良	中	差						
造型能力	8	优	良	中	差						
软件操作	8	优	良	中	差						
UV 接缝	8	优	良	中	差						
工作态度	8	优	良	中	差						

续表

学习情景 1		角色模型 UV						
评价项目	分值	等级				评价对象（组别）		
工作质量	16	优	良	中	差			
协调能力	16	优	良	中	差			
职业素质	10	优	良	中	差			
创新意识	10	优	良	中	差			
合计	100							

③教师对工作过程和结果进行评价，并将评价结果填入《教师综合评价表》（表 2-10）中。

表 2-10

学习情景 1		角色模型 UV		
评价项目		评价标准	分值	得分
考勤（10%）		无无故迟到、早退、旷课现象	10	
工作过程（60%）	软件使用	能独立使用 RizomUV 等 UV 软件	5	
	工具操作	能熟练操作软件中的各种工具完成模型 UV 的制作	5	
	造型表达	角色人体比例正确，五官四肢塑造协调合理	5	
	角色动态	角色动态无明显僵硬，形象生动	5	
	UV 接缝	模型表面无明显接缝和切割	5	
	工作态度	态度端正，主动思考，积极推进工作	10	
	工作质量	能按照要求建模，按标准完成工作任务	5	
	协调能力	与小组成员、同学之间能合作交流，协调工作	5	
	职业素质	积极主动查阅并借鉴相关资料	5	
	创新意识	在模型造型塑造上有创新点	10	
项目成果（30%）	工作规范	能按工作规范进行设计	10	
	设计效果	能正确识读策划书并按要求进行模型创建	10	
	成果展示	能准确表达并汇报工作成果	10	
合计			100	
综合评价		自评（20%）	小组互评（30%）	教师评价（50%）	综合得分

（9）学习提示

①创作思路：展开 UV 旨在将三维模型的表面准确地映射至二维纹理图像，以使模型表面能更逼真地呈现纹理效果。此过程需在低模文件的基础上进行，即将前期整理好的低模文件导入 UV 软件中，把 3D 模型的表面展开为 2D 平面，随后调整纹理的空间布局，修正过度扭曲和拉伸的纹理，以确保后续模型的贴图效果。

②工具运用：本项目旨在让学生熟练掌握 UV 软件（如 RizomUV）的使用。具体工具包括：自动展开工具（用于快速生成 UV 布局）、切割工具（用于设置接缝位置，分割模型表面）、Relax 工具（用于优化 UV 岛，以最大化纹理空间利用）、UV 布局工具（用于排列 UV 岛，同样旨在最大化纹理空间利用）、缩放与对齐工具（用于单独调整 UV 岛的大小和位置）、镜像与翻转工具（用于简化对称性模型的展开过程）、焊接工具（用于消除多余的接缝和重叠）等。

③任务拆分：对于模型展 UV 这一项目，可将其大致分为以下几个关键步骤（图 2-13）。

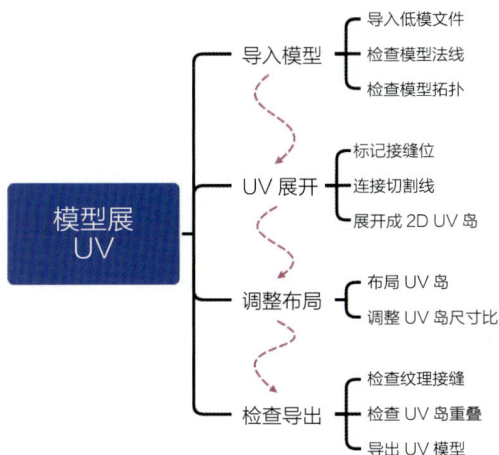

图 2-13　工作任务思维导图

（10）具体操作步骤

下面以工作任务为例，演示模型展开 UV 的关键步骤。

①打开 RizomUV，点击"文件"-"载入"，或直接将 3D 模型低模文件导入 RizomUV 中（图 2-14）。

②检查模型文件是否简洁，确认是否存在无关的面或重复的顶点，以确保模型表面的连贯性（图 2-15）。

③选择体模式，被选中的模型表面会呈现橙色；按下快捷键 I 孤立选中对象，对当前孤立对象进行 UV 展开操作（图 2-16）。

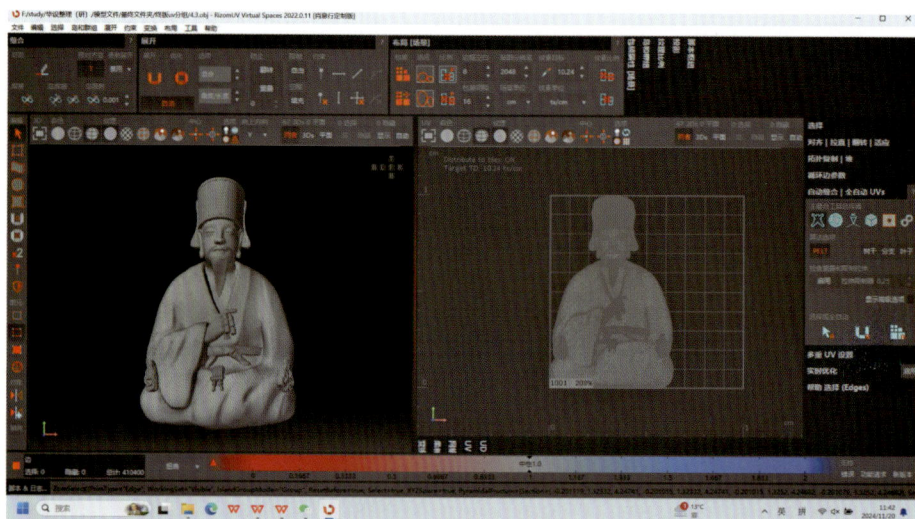

图 2-14

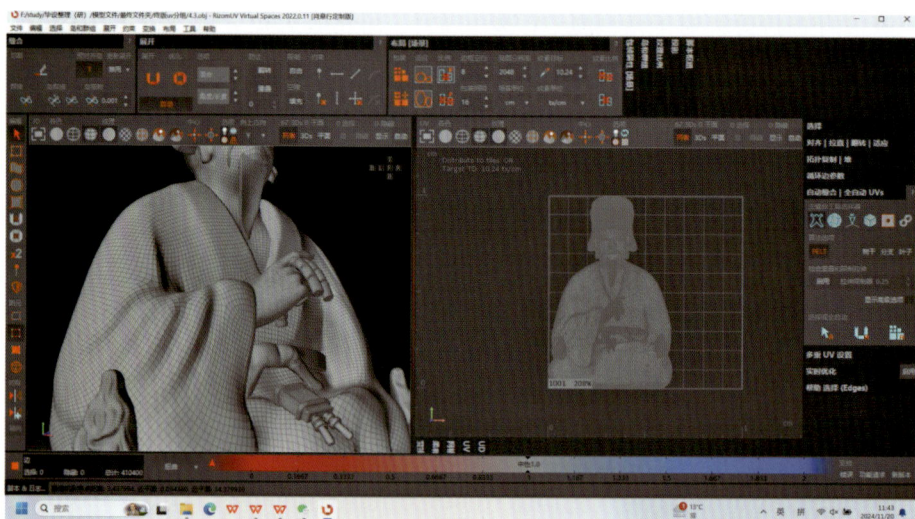

图 2-15

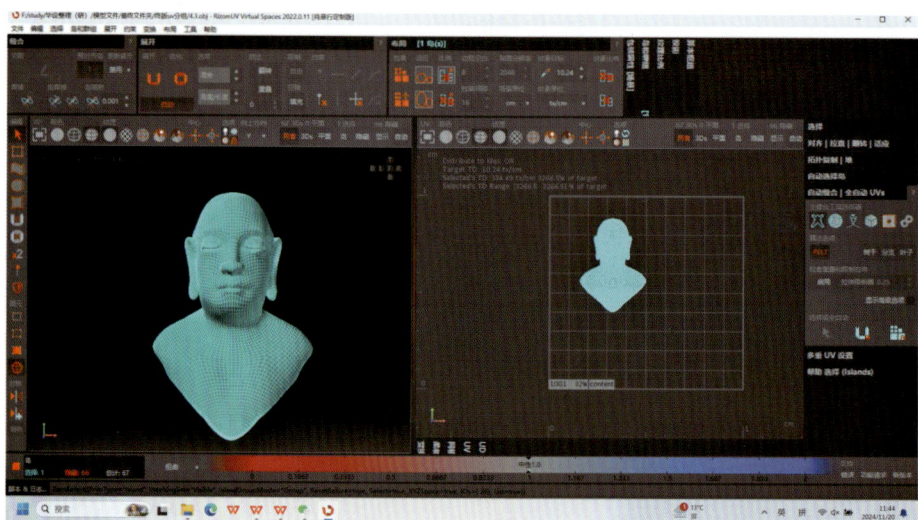

图 2-16

④切换为线条选择模式，选中一根线条后按住 Shift 键，画面会根据鼠标移动方向生成蓝色的延展线条，即为接缝线（图 2-17）。根据模型结构走向添加接缝线，接缝位置应尽量选择在不显眼或细节不丰富的地方，以避免出现过于明显的纹理接缝。

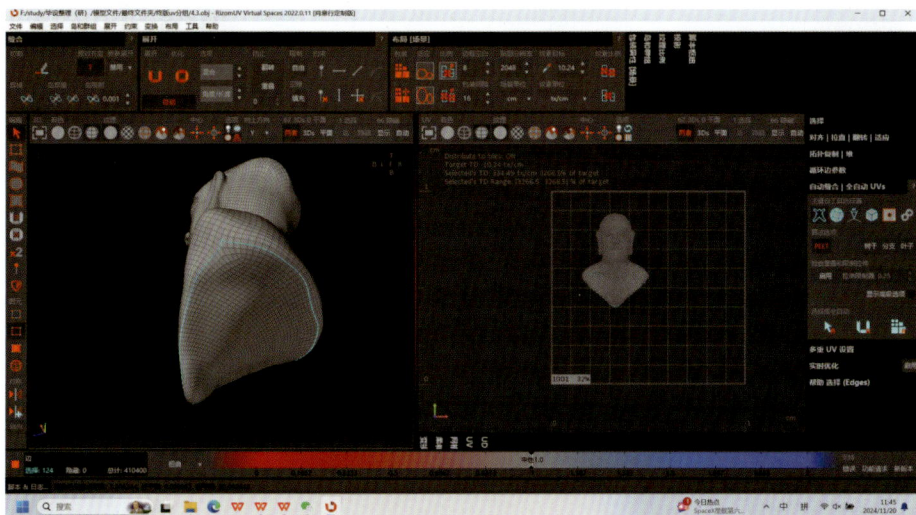

图 2-17

⑤将接缝线首尾相连后，按下快捷键 C，或使用 Cut 工具进行切割，切割后的线条变为橙色（图 2-18）。

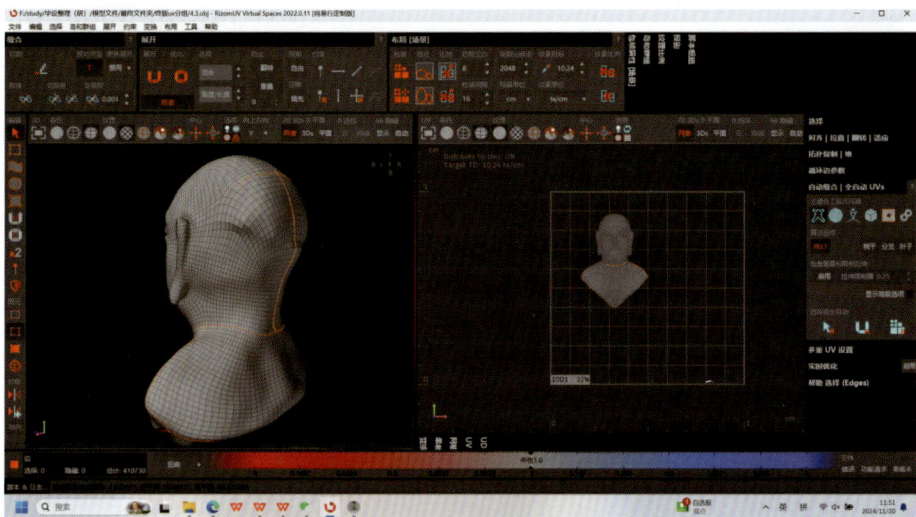

图 2-18

⑥选中需要展开的模型，点击展开后，会根据切割线将 3D 模型变成 2D UV 岛（图 2-19、图 2-20）。

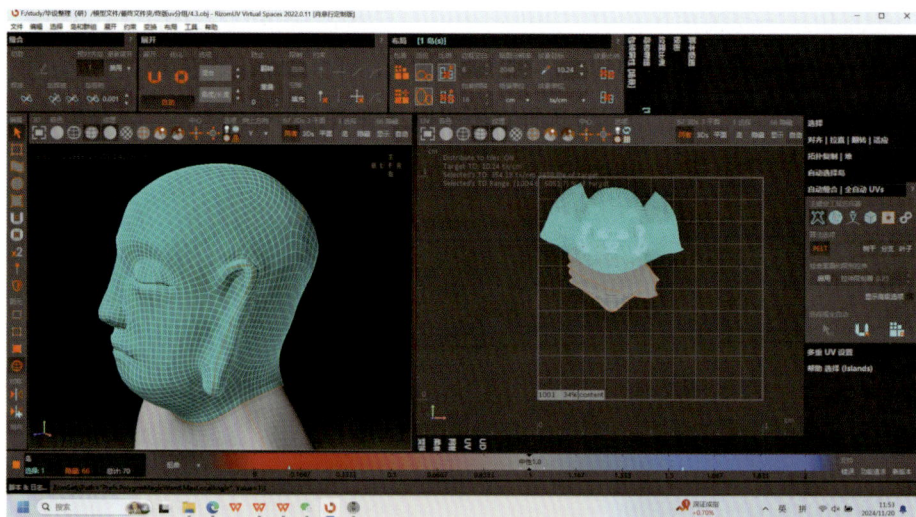

图 2-19

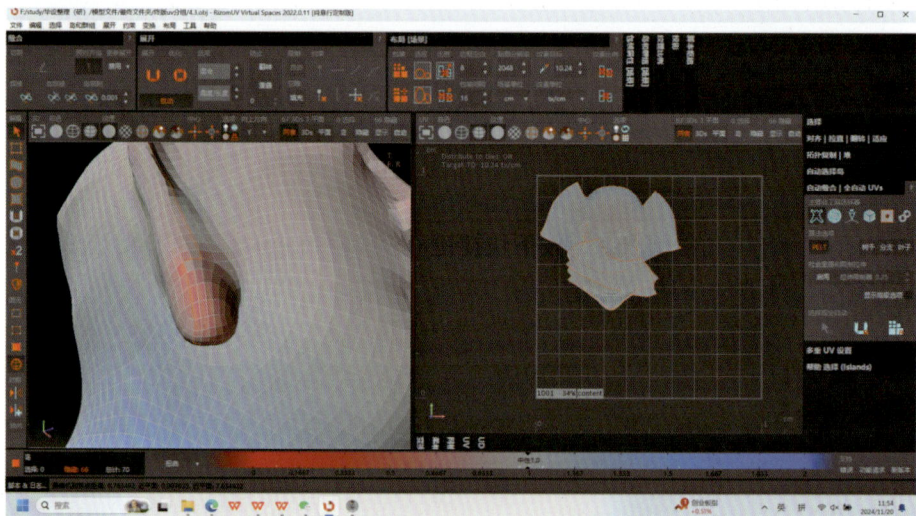

图 2-20

⑧打开棋盘格显示模式，观察纹理分布情况（图 2-21）。

⑨按下快捷键 Y 取消孤立显示，显示全部模型，对剩余模型重复之前步骤（图 2-22）。

⑩模型所有 UV 展开完毕后，自动布局整理右侧 UV 岛的纹理分布（图 2-23）。优化纹理空间，部分纹理可以进行手动调整，以确保每一寸纹理空间的合理利用。

保存并导出 UV 文件和 3D 模型，进行下一步纹理的绘制与渲染（图 2-24）。

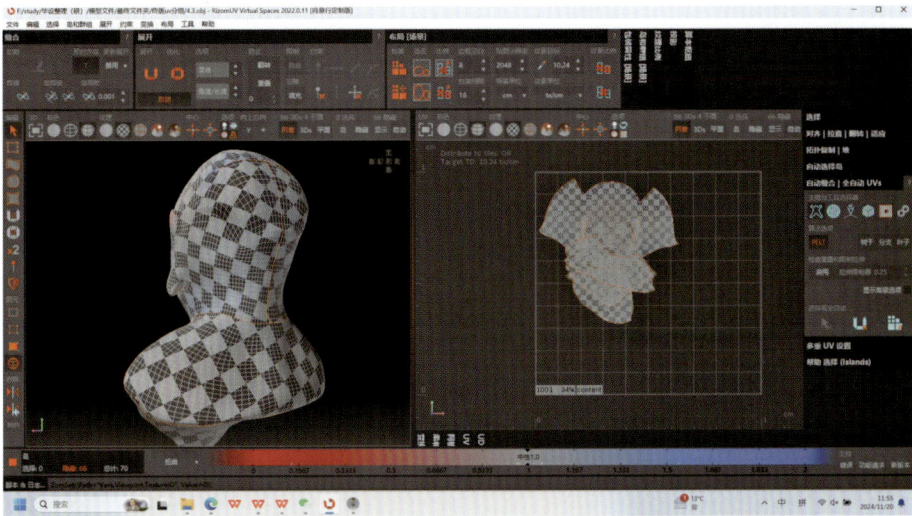

图 2-21

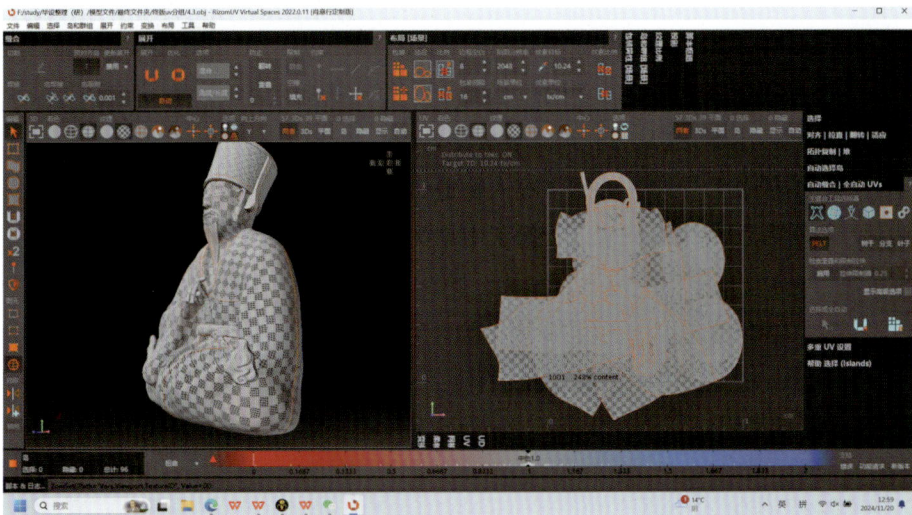

图 2-22

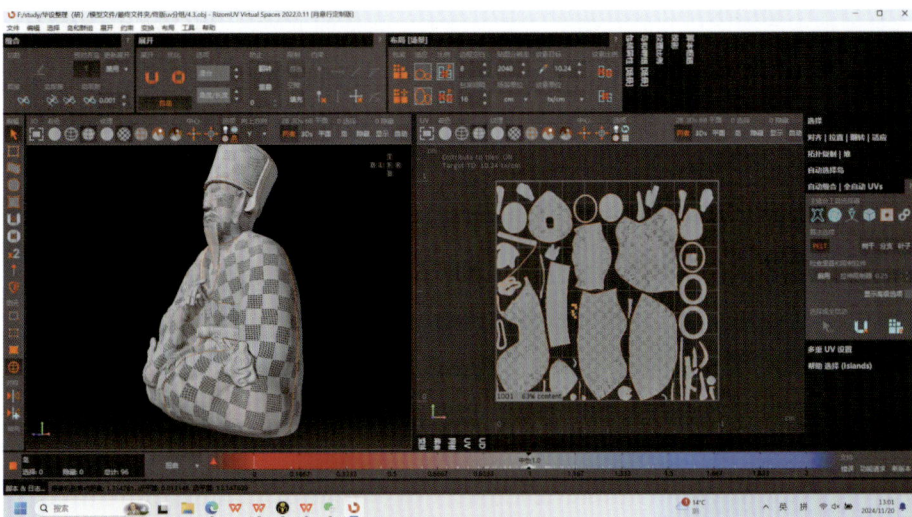

图 2-23

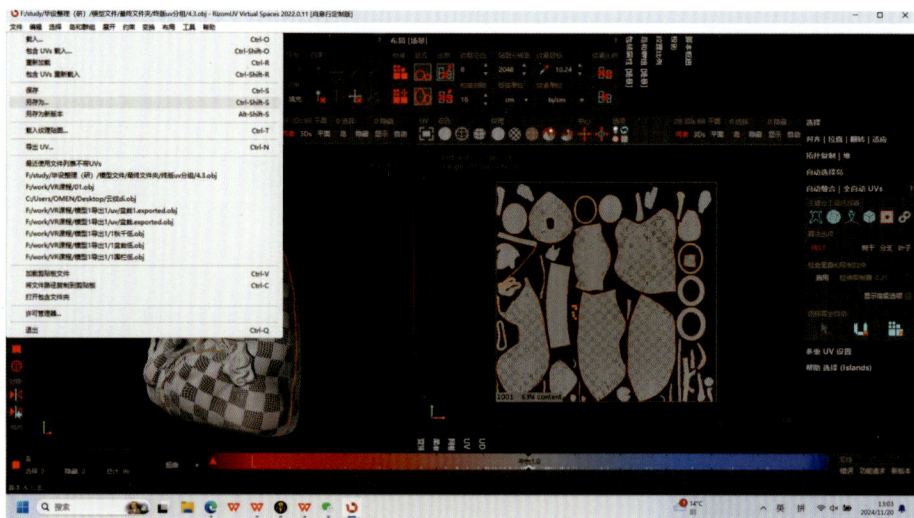

图 2-24

小结

　　本项目在延续 VR 角色建模的基础上，使学生进一步深入学习了模型的高模与低模整理工作，这是为后续开展模型贴图绘制与渲染工作的重要步骤之一。学生以具体任务为导向，将柳本尊人物造像的模型作为工作任务与课程学习相结合。既学习了专业知识，又传播了中华优秀传统文化，树立了文化自信。

任务 2.3　纹理烘焙与贴图制作

　　（1）工作情景描述

　　依据虚拟现实应用设计与制作职业技能等级证书（中级）对应的标准，根据某虚拟现实数字化开发有限公司策划部下发的策划书要求，开展 VR 模型的材质贴图设计。学生须掌握 VR 模型的纹理烘焙、贴图绘制的制作方法，并能将成果交付至下一环节进行深化，最终进入虚幻引擎进行 VR 模型的贴图渲染测试。

　　（2）学习目标

　　通过本学习任务，学生应达到以下目标：

　　①正确解读企业下发的策划书，理解并掌握模型纹理制作的特征与原理；

　　②熟练运用手绘工具进行纹理贴图绘制；

　　③熟练应用 Substance Painter、ZBrush、Toolbag 等三维建模渲染软件，能根据项目要求设置合理的烘焙参数，以获得高质量的法线贴图、AO 贴图等烘焙成果；

④掌握按照设计流程进行模型纹理烘焙、贴图效果绘制及贴图文件输出的技能；

⑤在老师的指导下，独立完成模型的纹理烘焙与贴图效果制作；

⑥完成纹理贴图效果后，根据任务书要求进行修改，并填写验收清单交付下一环节。

（3）工作项目分析

某游戏公司策划部门计划开发一款 VR 游戏产品，要求在提供的模型基础上进行烘焙与纹理贴图制作，以确保后续 VR 作品顺利完成。在收到模型文件后，需对模型进行纹理烘焙和材质贴图绘制，通过贴图为白模添加细节，确保模型外观的丰富性和逼真度。学生接到任务后，应进一步了解模型贴图的相关需求，提出合理化建议。在双方协商一致后，进行模型烘焙和初步贴图制作。经过修改调整，征得对方同意后，完成模型贴图效果并交予主管及策划部门审定。根据对方要求进行修改，直至提供模型源文件，最后填写相关单据。

（4）任务分组

将学生分为 4 ~ 5 人一组，根据对工作项目的理解进行分工并完成任务，组长填写表 2-11。

表 2-11

组别	工作任务：完成纹理绘制并输出颜色贴图（Diffuse Map）、法线贴图（Normal Map）、高光贴图（Specular Map）、粗糙度贴图（Roughness Map）等模型贴图
1	
2	
3	
4	

（5）工作准备

①每组根据工作任务书的需求，依次进行分析和探讨，填写并提交质量技术记录；

②成员深入讨论模型特点、材质需求及可能的风格方向，明确整体工作思路；

③研究不同材质在相关软件中的表现方式，包括颜色的调配、纹理的绘制技巧、光泽度和粗糙度的设置等；

④结合项目任务书，剖析角色模型创建的难点及常见技术问题。

（6）引导问题

纹理烘焙和材质贴图的制作步骤是什么？

①纹理烘焙：烘焙是将高模的细节转移到低模贴图上的过程。需将低模模型导入 Substance Painter，将高模模型的纹理细节烘焙到低模上。烘焙时，需确保高低模的 UV 展开正确匹配，以避免烘焙后的贴图出现错位。

②贴图绘制：使用 Substance Painter、ToolBag 等贴图软件进行纹理贴图的绘制。通过绘制基础颜色、金属度、粗糙度、细节效果、法线贴图等，体现材质的真实感，创造更多复杂效果。

③输出纹理：贴图绘制完成后，须将纹理导出以供在引擎中后续使用。导出时，需注意选择正确的输出格式、文件贴图类型及分辨率大小，以确保符合项目要求。

④根据任务书要求，对导出的贴图效果进行检验与调整。

（7）工作计划与实施

每组学生须认真阅读策划书，依据策划书的要求制定各自的计划，并搜集相关资料作为角色材质制作的参考素材。经过小组集中搜集和讨论后，完成模型纹理的烘焙与制作。教师审查每个小组的方法计划（表 2-12），并依次对每组进行指导调整。

表 2-12

序号	姓名	模型名称	设计时间		备注
			参考图	输出贴图	
1					
2					
3					
4					

（8）评价反馈

每位学生的成绩评定通过学生自评、小组互评和教师评价三个阶段完成，其中综合评价结果由自评（20%）、小组互评（30%）与教师评价（50%）三部分按比例构成。

①学生完成自我评价，并将结果填入《学生自评表》（表 2-13）中。

表 2-13

学习情景 1		角色模型建模调优		
序号	评价项目	评价标准	分值	得分
1	软件使用	能独立使用 ZBrush、3ds Max 等三维建模软件	10	

续表

学习情景 1		角色模型建模调优		
序号	评价项目	评价标准	分值	得分
2	工具操作	能熟练操作数位板对模型进行雕刻塑造	10	
3	纹理烘焙	准确将高模细节烘焙到低模文件上，无贴图错位现象	20	
4	贴图制作	熟悉各类贴图原理并能合理应用	10	
5	材质特点	准确描述各类材质的质感特点及其在软件中的表现方法，熟练运用软件进行材质绘制	10	
6	工作态度	态度端正，主动思考，积极推进工作	10	
7	工作质量	能按照要求建模，按标准完成工作任务	10	
8	协调能力	与小组成员、同学合作交流，协调工作	5	
9	职业素质	积极主动查阅并借鉴相关资料	5	
10	创新意识	在模型材质塑造上有创新点	10	
合计			100	

②学生以小组为单位，对角色建模设计的过程与结果进行互评，将互评结果填入《学生互评表》（表 2-14）中。

表 2-14

学习情景 1		纹理烘焙与贴图制作									
评价项目	分值	等级				评价对象（组别）					
						1	2	3	4	5	6
计划安排	8	优	良	中	差						
工具操作	8	优	良	中	差						
纹理烘焙	8	优	良	中	差						
贴图制作	8	优	良	中	差						
材质特点	8	优	良	中	差						
工作态度	8	优	良	中	差						
工作质量	16	优	良	中	差						
协调能力	16	优	良	中	差						
职业素质	10	优	良	中	差						
创新意识	10	优	良	中	差						
合计	100										

③教师对工作过程和结果进行评价，并将评价结果填入《教师综合评价表》（表 2-15）中。

表 2-15

学习情景 1		纹理烘焙与贴图制作		
评价项目		评价标准	分值	得分
考勤（10%）		无无故迟到、早退、旷课现象	10	
工作过程（60%）	软件使用	能独立使用 ZBrush、3ds Max 等三维建模软件	5	
	工具操作	能熟练操作数位板对模型进行雕刻塑造	5	
	纹理烘焙	准确将高模细节烘焙到低模文件上，无贴图错位现象	5	
	贴图制作	熟悉各类贴图原理并能合理应用	5	
	材质特点	准确描述各类材质的质感特点及其在软件中的表现方法，熟练运用软件进行材质绘制	5	
	工作态度	态度端正，主动思考，积极推进工作	10	
	工作质量	能按照要求建模，按计划完成工作任务	5	
	协调能力	能与小组成员、同学合作交流，协调工作	5	
	职业素质	积极主动查阅并借鉴相关资料	5	
	创新意识	在模型造型塑造上有创新点	10	
项目成果（30%）	工作规范	能按工作规范进行设计	10	
	设计效果	能正确识读策划书并按要求进行模型创建	10	
	成果展示	成果效果良好，具有完整性	10	
合计			100	
综合评价	自评（20%）	小组互评（30%）	教师评价（50%）	综合得分

（9）学习提示

①创作思路：纹理烘焙与贴图制作旨在更好地展现模型的材质效果。模型烘焙是在低模文件基础上保留高模效果的过程，而贴图制作则能在模型上绘制出更多材质细节。在此项目中，需先烘焙高模文件，再制作纹理效果，最终输出虚幻格式的贴图文件，以确保后续工作的顺利开展。

②工具运用：本项目旨在让学生学会使用 Substance Painter、ToolBag 等软件进行烘焙和贴图绘制。通过 Substance Painter 对高模进行纹理烘焙，并结合 ToolBag 的使用，完成模型贴图细节效果的绘制，从而更好地实现项目任务需求的场景氛围效果，为后续导入引擎进行贴图渲染测试做好准备。

③任务拆分：纹理烘焙与制作这一项目，大致可分为以下几个关键步骤（图 2-25）。

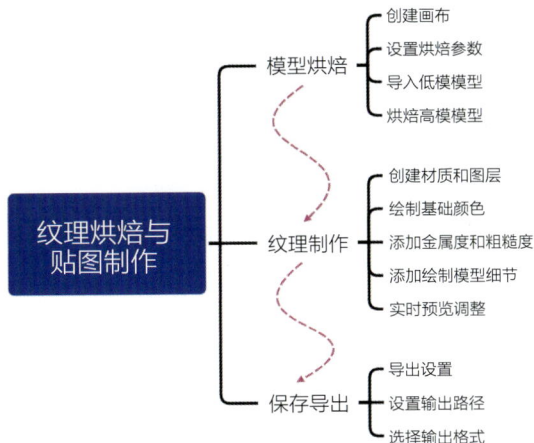

图 2-25　工作任务思维导图

（10）具体操作步骤

以下以工作任务为例，演示角色模型纹理烘焙与贴图制作的关键步骤。

①打开 Substance Painter，创建新项目。选择低模与高模文件，设置贴图分辨率。通常选择 1024 × 1024 至 4096 × 4096 之间的分辨率（即 1K 至 4K 的分辨率尺寸）（图 2-26）。

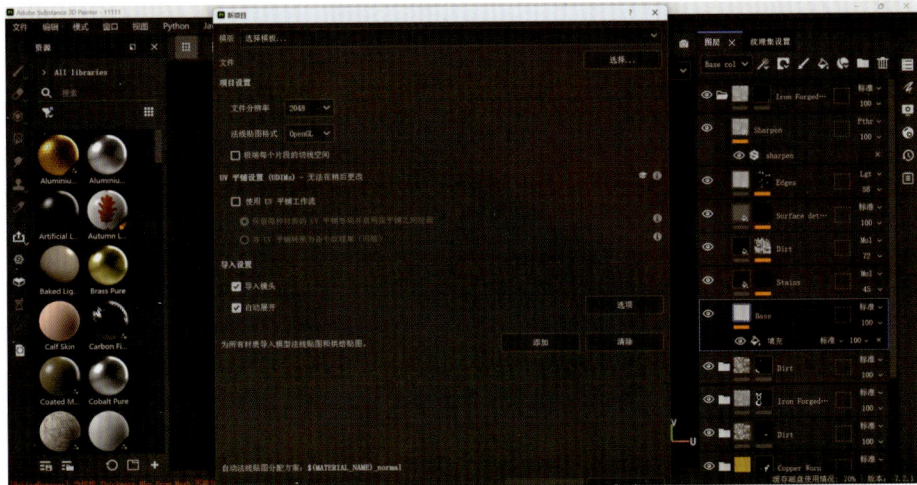

图 2-26

②参数设置完成后，开始烘焙高模纹理（图 2-27）。

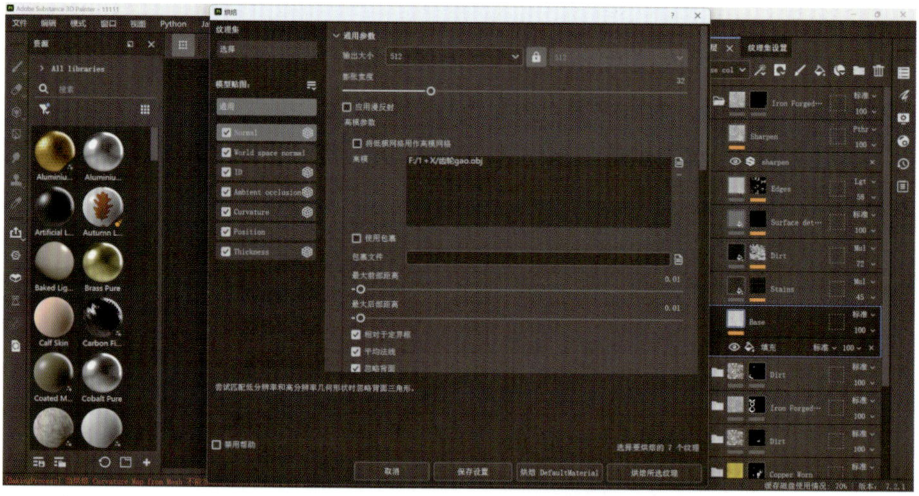

图 2-27

③创建基础材质，并添加基础填充层（图 2-28）。

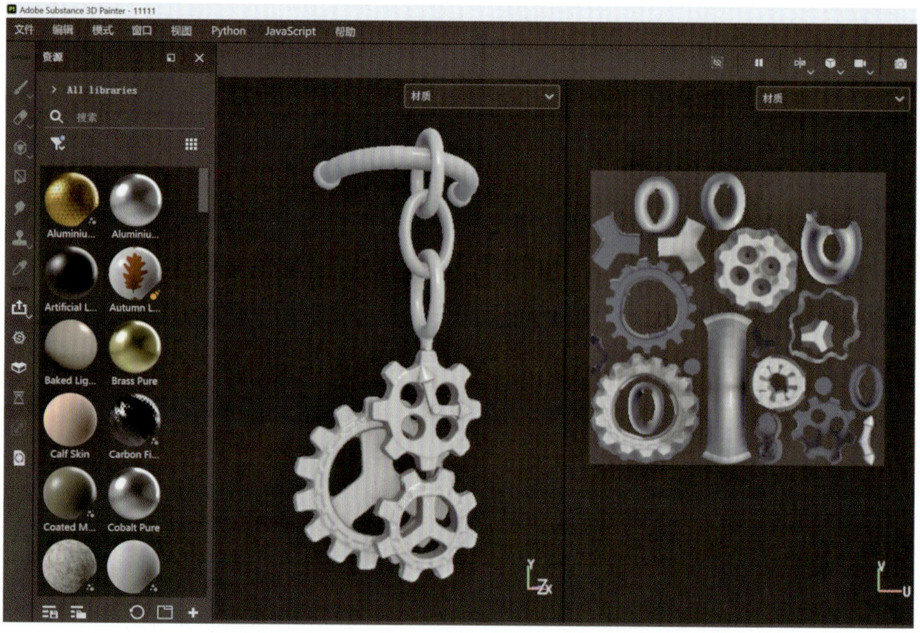

图 2-28

④添加颜色、金属度、粗糙度等属性，以增加模型的细节效果，并调节金属材质的参数（图 2-29）。

⑤根据实际需求调整画面细节效果，使用快捷键 F10 切换到渲染模式进行实时预览，确保材质在各种场景下都能表现良好（图 2-30）。

⑥将绘制好的纹理贴图进行输出保存，并设置好输出路径（图 2-31）。

图 2-29

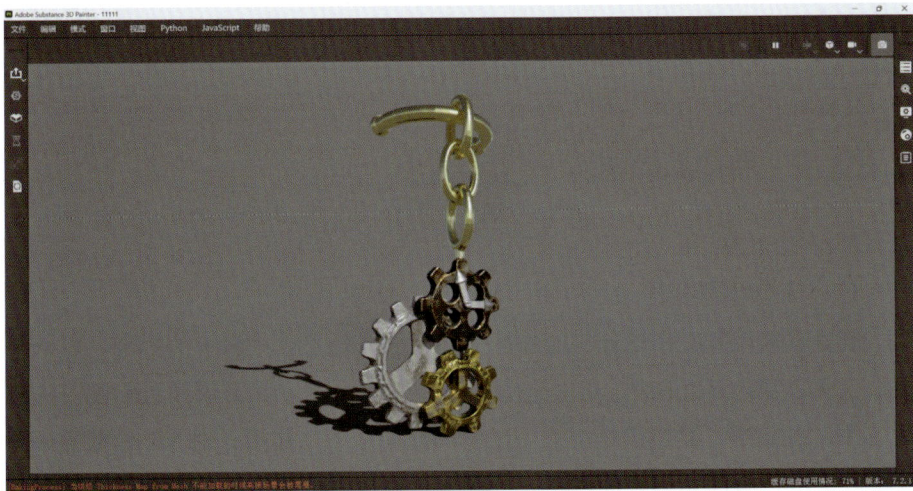

图 2-30

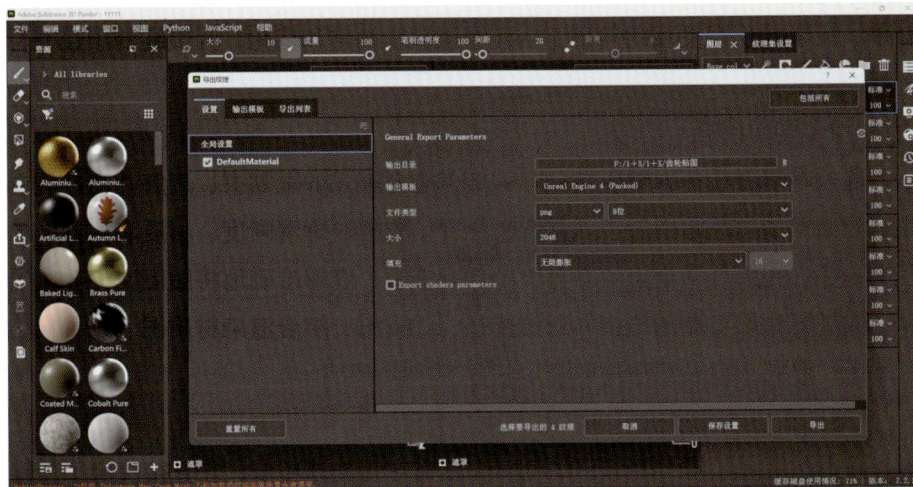

图 2-31

⑦导出引擎模式的贴图，为后续制作做好准备（图2-32）。

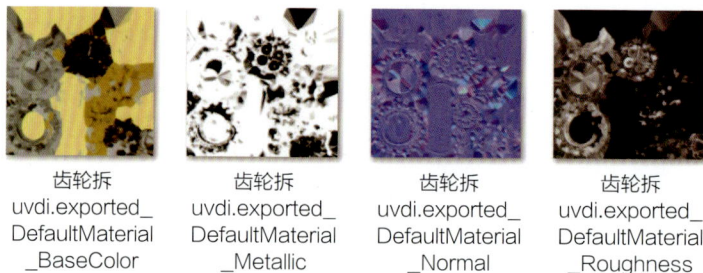

齿轮拆
uvdi.exported_
DefaultMaterial
_BaseColor

齿轮拆
uvdi.exported_
DefaultMaterial
_Metallic

齿轮拆
uvdi.exported_
DefaultMaterial
_Normal

齿轮拆
uvdi.exported_
DefaultMaterial
_Roughness

图 2-32

小结

在烘焙阶段，需将高模的细节转化为纹理，以优化低模的细节表现；在贴图绘制阶段，则根据烘焙结果为模型添加不同的材质属性，从而创造出丰富的视觉效果。

任务 2.4 角色贴图渲染与测试

（1）工作情景描述

依据虚拟现实应用设计与制作职业技能等级证书（中级）的标准，以及某虚拟现实数字化开发有限公司策划部下发的策划书要求，开展角色贴图渲染测试工作。在完成了纹理烘焙与贴图制作等前期准备工作后，对 VR 模型的贴图渲染效果进行全面、细致的测试，以确保角色在虚拟环境中的表现符合项目预期的质量标准和视觉效果要求，并能在各平台上稳定、流畅地运行。根据测试结果，记录并反馈发现的问题，以便及时进行调整和优化，为最终的项目交付做好充分准备。

（2）学习目标

通过本学习任务，学生应能正确解读企业下发的策划书；理解并能准确应用行业通用的角色贴图渲染质量评估标准，包括纹理清晰度、材质真实性、色彩准确性、光影效果合理性等方面的评判准则；能够准确地将贴图文件导入引擎，并进行材质节点的连接；通过查阅相关资料，结合渲染材质图、三维模型等参考，掌握角色贴图渲染与测试的方法。

（3）工作项目分析

角色贴图渲染测试是 VR 角色制作流程中的关键环节，它直接决定了最终呈现给用户的角色质量和体验。现某游戏公司下发了一项工作任务，要求在其提供的模型文件基础上进行贴图渲染测试，在引擎中呈现模型的材质效果，并通过设置环境特点和光照，使模型呈现出真实、自然且丰富的细节效果。接到任务后，需要对提供的模型文件进行核对检查，以进一步了解贴图渲染测试的相关需求，并提出合理化建议。在双方协商一致的情况下，对模型贴图进行渲染与测试，并在引擎中进行调整优化。在征得对方同意后，完成任务并交予主管及策划部门审定。根据对方的相关要求进行修改，直至提供源文件，最后填写相关单据。

（4）任务分组

将学生分为 4 ～ 5 人一组，完成角色贴图渲染与测试的任务，组长填写表2-16。

表 2-16

组别	工作任务：按照项目要求，搜索相关场景图像作为参考，完成 VR 角色贴图的渲染与测试
1	
2	
3	
4	

（5）工作准备

①每组根据工作任务书的需求，依次进行分析和探讨，填写并提交质量技术记录；

②研究从 Substance Painter 贴图到虚幻引擎场景中的呈现路径与方法；

③结合项目任务书，剖析角色模型创建的难点和常见技术问题。

（6）引导问题

①角色贴图渲染测试的主要步骤有哪些？每个步骤的重点和注意事项是什么？

提前准备好角色的纹理贴图，如漫反射贴图、法线贴图、粗糙度贴图、环境光遮蔽贴图等；

将角色导入 Unity、Unreal Engine 等 VR 开发平台进行引擎渲染；

将贴图分配到角色的材质球中，根据不同引擎的要求，调整材质属性以获得最佳视觉效果；

不断测试并优化，最终对项目进行打包处理。

其中，重点在于确保角色模型导入时比例和位置与场景一致，避免看起来不合适或失真；在材质和纹理设置上，要根据角色材质的需求正确分配不同的贴图，正确连接节点，并选择适合 VR 的材质 Shader，避免过度计算。

②影响角色贴图渲染性能的因素有哪些？如何确保角色贴图的纹理清晰度在不同场景和分辨率下都能达到质量要求？

贴图分辨率：高分辨率纹理能提供更多细节，但会占用更多显存并导致产生较高的渲染任务量。若角色贴图分辨率过高，会造成显存溢出或过大的性能消耗；低分辨率贴图则会导致画面模糊，细节丢失，影响视觉质量。

纹理的使用方式：多个纹理层叠加（如基础漫反射贴图 + 法线贴图 + 高光贴图）会增加渲染的计算量，复杂的 Shader 会增加计算任务量。

模型的复杂性：角色模型的多边形数量直接影响渲染性能。高多边形角色会增加渲染负担，UV 映射不合理可能导致纹理拉伸和空白区域，降低视觉质量。无效的 UV 空间会浪费纹理分辨率，影响贴图清晰度。

渲染效果和光照：动态光照和阴影计算需要占用较多 GPU 资源，特别是在复杂的光源和环境光遮蔽情况下，过多的实时反射或折射会显著影响渲染速度，因此需根据需求简化这些效果。

场景的复杂性：场景中的背景、环境光、反射等都会对角色贴图的渲染产生间接影响，在 VR 应用中尤其需要优化。通过合理的纹理分辨率、纹理压缩、PBR 材质的使用以及 LOD 技术，可以在不同场景和设备分辨率下保证纹理的清晰度。同时优化性能，确保流畅的用户体验。

（7）工作计划与实施

每组学生需认真阅读策划书，根据策划书要求制定自己的计划，并搜集相关资料作为角色材质制作参考素材。经小组集中搜集讨论后，完成角色模型的角色贴图渲染与测试。教师审查每个小组的计划（表 2-17），并依次对每组进行指导调整。

表 2-17

序号	姓名	角色名称	设计时间		备注
			贴图渲染	贴图测试	
1					
2					
3					

（8）评价反馈

每位学生的成绩评定通过学生自评、小组互评和教师评价三个阶段完成，其中综合评价结果由自评（20%）、小组互评（30%）与教师评价（50%）三部分按比例构成。

①学生完成自我评价，并将结果填入《学生自评表》（表 2-18）中。

表 2-18

学习情景 1		角色贴图渲染与测试		
序号	评价项目	评价标准	分值	得分
1	软件使用	能独立使用 ZBrush、3ds Max 等三维建模软件，以及 Substance Painter、ToolBag、UE5、Unity 等渲染工具	10	
2	工具操作	能熟练操作数位板对角色进行雕刻塑造	10	
3	测试流程	清晰阐述角色贴图渲染测试的完整流程，包括准备工作、执行步骤和结果分析等，流程准确且全面	20	
4	贴图评估	判断贴图的分辨率是否符合当前场景的运算需求	10	
5	性能分析	正确阐述在不同硬件配置下测试和评估性能的方法及注意事项，方法正确、注意事项明确	10	
6	工作态度	态度端正，主动思考，积极推进工作	10	
7	工作质量	能按照要求建模，按标准完成工作任务	10	
8	协调能力	与小组成员、同学之间能合作交流，协调工作	5	
9	职业素质	积极主动查阅并借鉴相关资料	5	
10	创新意识	在模型造型塑造上有创新点	10	
合计			100	

②学生以小组为单位，对角色建模设计的过程与结果进行互评，将互评结果填入《学生互评表》（表 2-19）中。

表 2-19

学习情景 1		角色贴图渲染与测试									
评价项目	分值	等级				评价对象（组别）					
						1	2	3	4	5	6
计划安排	8	优	良	中	差						
工具操作	8	优	良	中	差						
测试流程	8	优	良	中	差						
贴图评估	8	优	良	中	差						
性能分析	8	优	良	中	差						
工作态度	8	优	良	中	差						
工作质量	16	优	良	中	差						

续表

学习情景 1		角色贴图渲染与测试						
评价项目	分值	等级				评价对象（组别）		
协调能力	16	优	良	中	差			
职业素质	10	优	良	中	差			
创新意识	10	优	良	中	差			
合计	100							

③教师对工作过程和结果进行评价，并将评价结果填入《教师综合评价表》（表 2-20）中。

表 2-20

学习情景 1		角色贴图渲染与测试		
评价项目		评价标准	分值	得分
考勤（10%）		无无故迟到、早退、旷课现象	10	
工作过程（60%）	软件使用	能独立使用 ZBrush、3ds Max 等三维建模软件、Substance Painter、ToolBag、UE5、Unity 等渲染工具	5	
	工具操作	能熟练操作数位板对角色进行雕刻和塑造	5	
	测试流程	清晰阐述角色贴图渲染测试的完整流程，包括准备工作、执行步骤和结果分析等，流程准确且全面	5	
	贴图评估	判断贴图的分辨率是否符合当前场景的运算需求	5	
	性能分析	正确阐述在不同硬件配置下测试和评估性能的方法及注意事项，方法正确、注意事项明确。	5	
	工作态度	态度端正，主动思考，积极推进工作	10	
	工作质量	能按照要求建模，按标准完成工作任务	5	
	协调能力	与小组成员、同学之间能合作交流，协调工作	5	
	职业素质	积极主动查阅并借鉴相关资料	5	
	创新意识	在模型造型塑造上有创新点	10	
项目成果（30%）	工作规范	能按工作规范进行设计	10	
	设计效果	能正确识读策划书并按要求进行模型创建	10	
	成果展示	成果效果良好，具有完整性	10	
合计			100	
综合评价	自评（20%）	小组互评（30%）	教师评价（50%）	综合得分

（9）学习提示

①创作思路：本工作项目以大足石刻"柳本尊行化事迹图"中的角色形象为创作主题，旨在将传统文化与现代技术相融合。在模型烘焙与纹理制作的基础上，我们将探索角色贴图渲染与测试的创作思路。通过高效的贴图渲染技术，我们将大足石刻中的人物造像及历史文化完美地再现于虚拟现实环境中，力求展现其艺术魅力。在确保角色贴图在清晰度、细节和表现力上达到最佳效果的同时，我们也将注重性能优化和用户体验，使最终的 VR 角色既具备历史感和艺术感，又能满足现代虚拟现实应用的需求，为用户带来沉浸式的文化体验。

②工具运用：本项目将教会学生如何渲染出具有强烈真实感的材质效果，展示更多的角色纹理细节。我们将使用 Substance Painter 输出贴图文件，并在虚幻引擎中进行节点连接和实时渲染。同时，配合光照和场景的设计，实现高质量的 VR 角色渲染，确保在不同平台和设备上的流畅运行，为后续的交互技术制作做好充分准备。

③任务拆分：对于角色贴图渲染与测试这一项目，我们可以将其分为以下几个关键步骤（图 2-33）。

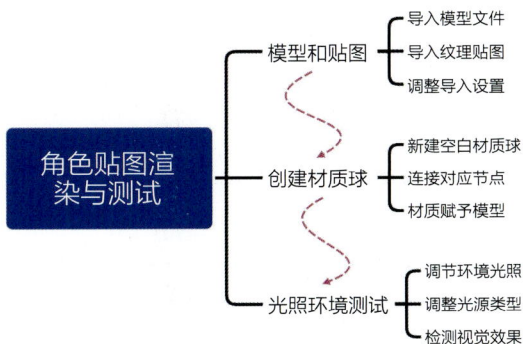

图 2-33 　 工作任务思维导图

（10）具体操作步骤

以下以工作任务为例，演示角色贴图渲染与测试的关键步骤。

①打开 Unreal Engine 5，创建空白项目和关卡（图 2-34）。

②打开内容浏览器（图 2-35），导入模型（图 2-36）和贴图文件（图 2-37）。

③在内容浏览器中右键点击选择"Material"，创建一个新的材质文件（图 2-38）。

④双击材质文件，进入材质编辑器（图 2-39）。

⑤将材质贴图拖入编辑器（图 2-40）。

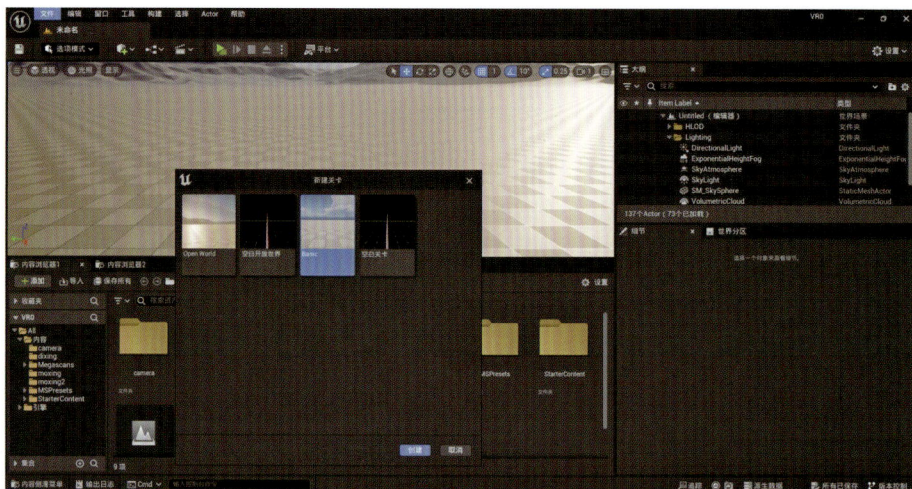

图 2-34

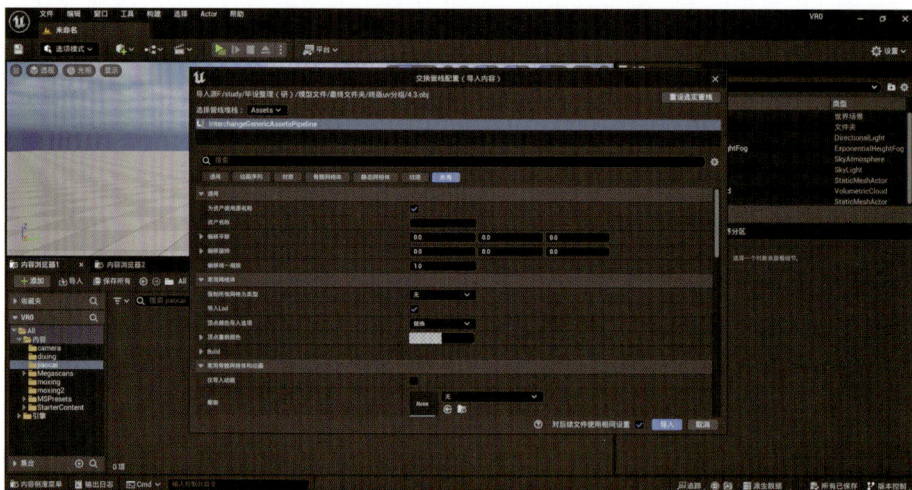

图 2-35

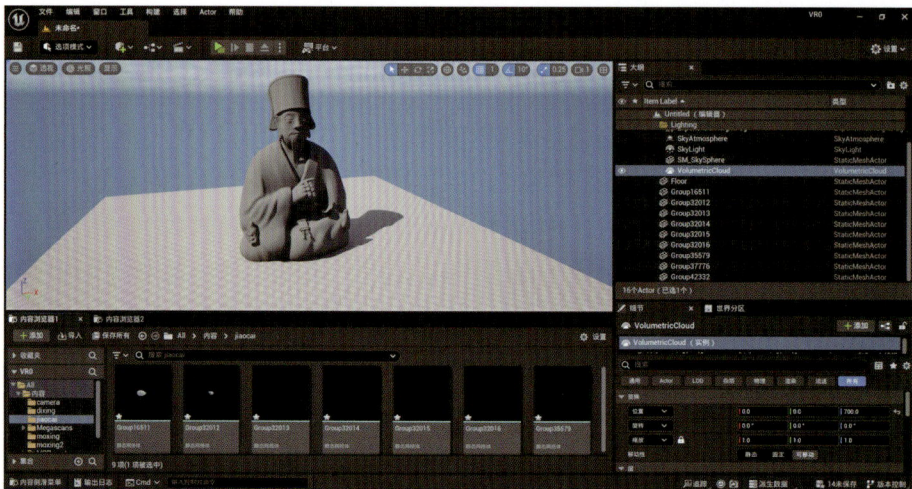

图 2-36

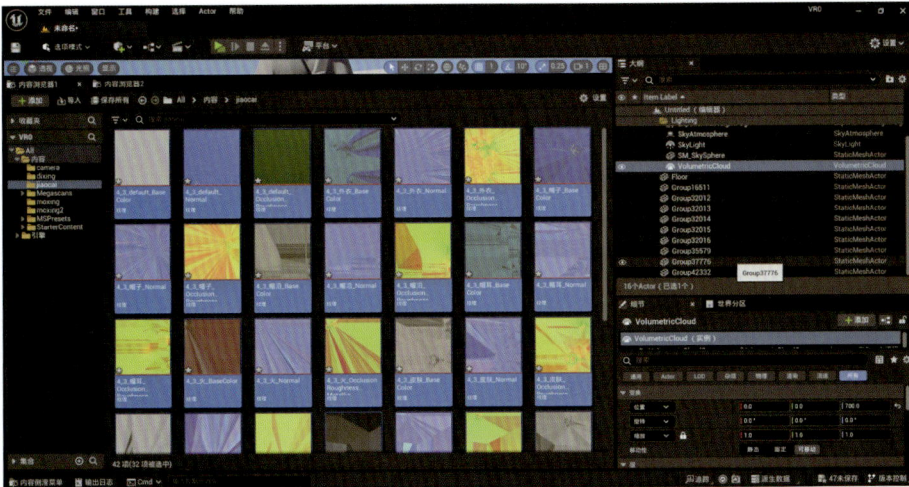

图 2-37

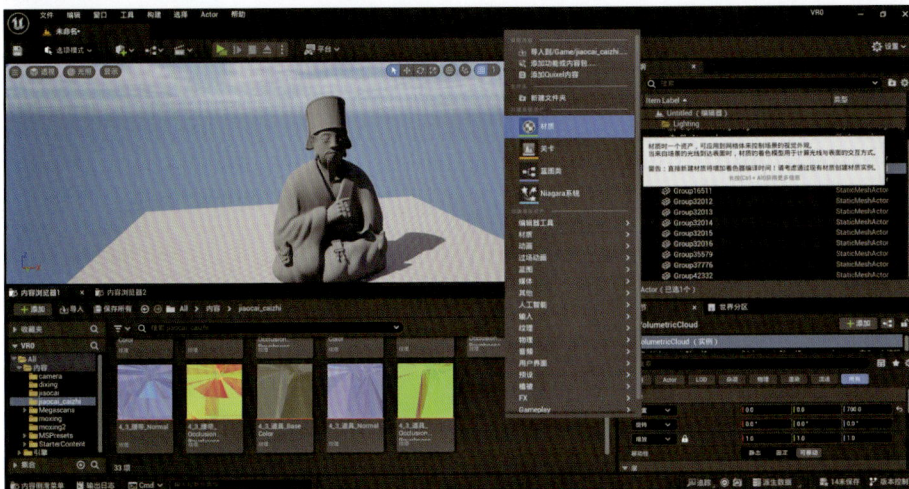

图 2-38

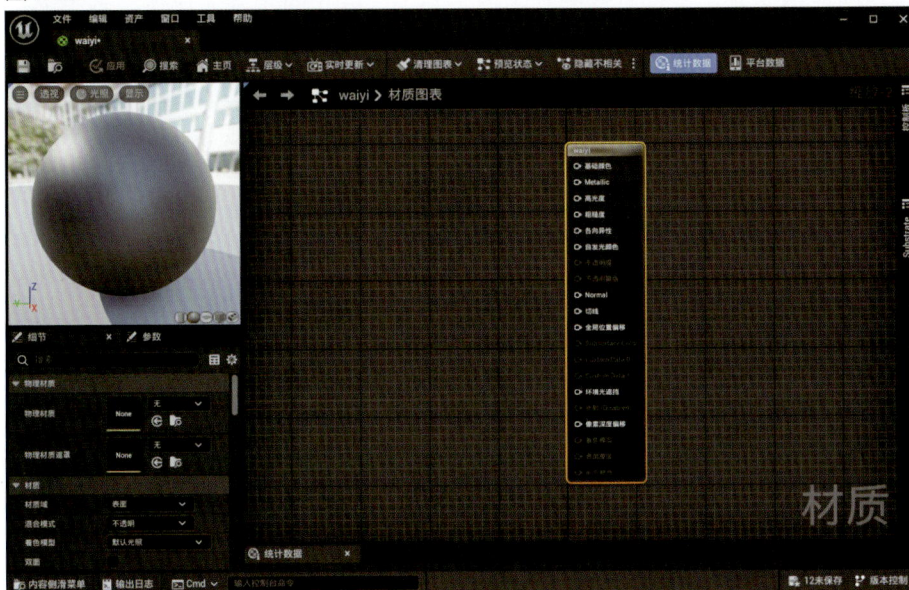

图 2-39

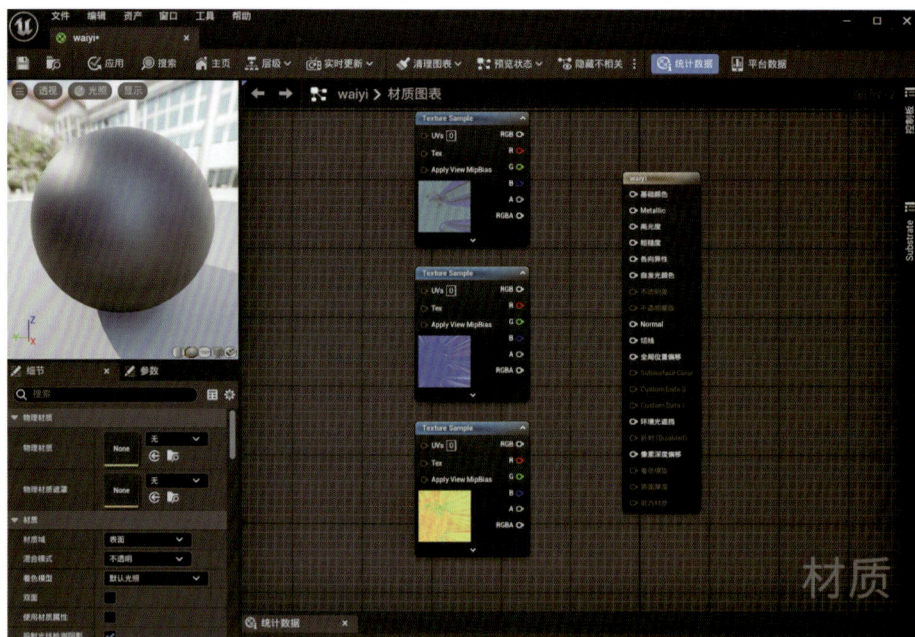

图 2-40

　　⑥观察贴图尾缀确定贴图类型（图 2-41），然后连接各个贴图至材质节点：将 Diffuse 贴图或 Base Color 连接到材质的"Base Color"节点；将 Normal 贴图连接到材质的"Normal"节点；将 Roughness 贴图连接到材质的"Roughness"节点；将 Metallic 贴图连接到材质的"Metallic"节点；AO 贴图可以连接到"Ambient Occlusion"节点，或直接与 Base Color 混合，以增强局部阴影效果（图 2-42）。

　　⑦节点连接完成后，保存材质，并将材质拖拽到模型上进行实时预览，查看贴图在不同光照条件下的表现（图 2-43）。以相同步骤完成模型剩余部位的材质制作（图 2-44）。

图 2-41

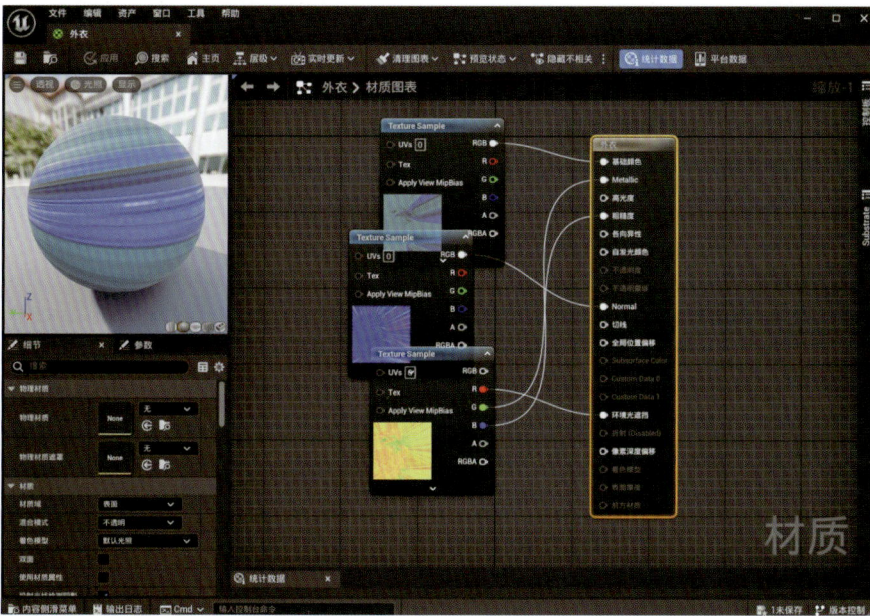

图 2-42

图 2-43

图 2-44

⑧调节环境光照的强度、颜色，以营造所需的氛围感（图 2-45）。

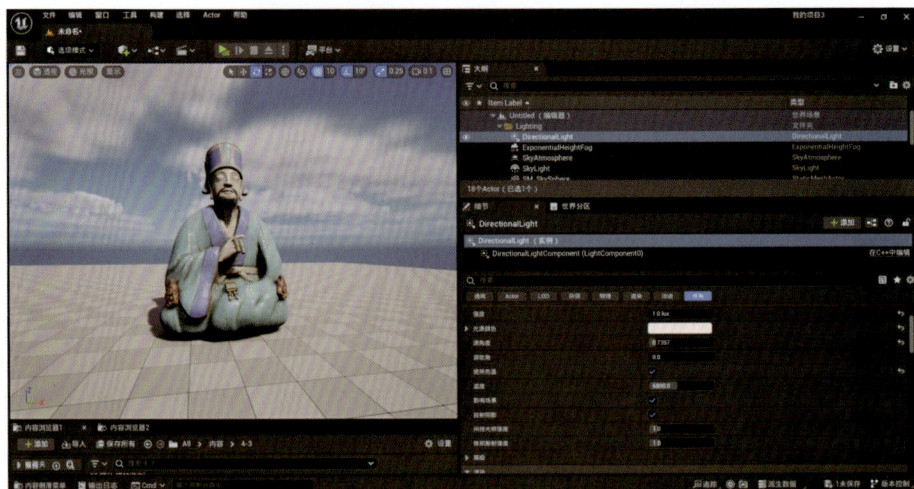

图 2-45

⑨测试在不同的时间以及不同的光照条件下，贴图的表现。观察材质是否符合预期效果（图 2-46）。

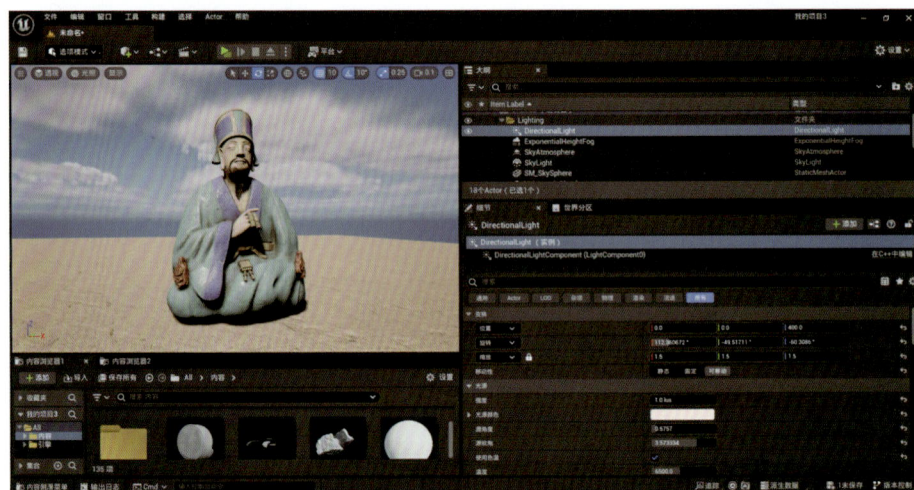

图 2-46

小结

从材质贴图的输出到虚幻引擎的渲染测试，包括了多个步骤。通过贴图、材质和光照的合理搭配，优化渲染性能，我们可以确保最终呈现出高质量且逼真的 VR 角色形象或 VR 物体形象。

模块三 | VR 交互技术

典型工作任务分析

能够使用计算机、数位板等工具，熟练运用 ZBrush 等三维建模软件，并配合 UE5、Unity3D、VRP 3D Engine 等工具，从事并完成 VR 作品中的 UI 交互动效制作、VR 动效脚本设计、角色动效制作、角色动效测评等工作任务。

适用岗位

1. VR 动效脚本设计师：负责设计和编写 VR 环境中的互动脚本，确保虚拟世界中的动作、事件和反馈与用户操作实时互动。需具备编程能力及对 VR 技术的深入理解。

2. VR 角色动效设计师：专注于为虚拟角色和环境设计生动动效，确保角色在 VR 中表现自然，动作流畅且具有沉浸感。需熟悉 VR 平台的动画技术及虚拟人物的行为逻辑。

3. 交互设计师：致力于定义和优化 VR 中的用户交互体验，分析用户行为并设计符合直觉的操作方式，确保用户能在虚拟空间中轻松导航和操作。

4. 3D 动效设计师：负责虚拟现实中的各种特效制作，包括角色视觉表现、环境变化和交互反馈。须具备扎实的艺术功底及特效制作技巧，确保视觉效果符合 VR 沉浸式体验需求。

5. 技术设计师：作为艺术与技术之间的桥梁，确保 VR 项目中的动效、交互和性能优化。需具备较强的编程能力及对虚拟现实技术的深入理解。

6. VR 游戏设计师：参与设计 VR 中的角色动效与交互元素，确保动效与游戏机制紧密结合，提升游戏的沉浸感和用户体验。

各岗位之间密切合作，共同推动 VR 动效及交互体验的制作，为虚拟现实项目的成功和用户体验的提升奠定基础。

职业能力

1. 能够理解和分析 VR 交互设计任务的需求，具备清晰的目标与计划，确保动效脚本和角色动效的制作符合项目要求。

2. 理解 VR 环境中的交互元素与用户体验之间的关系，掌握 VR 交互设计的流程与规范，确保交互设计的功能性与沉浸感。

3. 理解并掌握 VR 交互系统的构建原理，能根据不同硬件平台和用户需求设计高效的交互逻辑和动效实现方法。

4. 熟悉 VR 角色动效的设计原则，能根据虚拟角色的行为和动作需求，合理设计角色的动态效果与交互反馈，确保角色动作自然流畅、富有表现力。

5. 掌握 VR 中物体和角色的运动规律，理解如何通过脚本和动效实现与物理环境的互动，使虚拟世界中的动作与现实世界相匹配。

6. 熟练掌握 VR 开发工具和编程语言，能独立编写和调试 VR 交互脚本，创建符合项目要求的虚拟环境和角色动效。

7. 熟悉多角度、多方位的 VR 交互设计原理，能根据场景设定和用户需求进行设计。

8. 理解并掌握 VR 角色的骨骼绑定与动画原理，能设计并实现自然流畅的角色动作，并确保与其他系统良好配合。

9. 理解并掌握高效的动效优化方法，能在保证视觉效果的同时，优化 VR 动效的性能，确保其在不同硬件平台上流畅运行。

10. 能根据项目需求和行业标准完成 VR 交互动效脚本和角色动效的制作，满足验收要求；并具备较强的实际操作能力，推动项目高效交付。

1+X 职业资格证书

虚拟现实应用设计与制作职业技能等级证书（中级）

任务 3.1　UI 动效脚本设计

（1）工作情景描述

按照虚拟现实应用设计与制作技能等级证书（中级）对应的标准，依据某虚拟现实数字化开发有限公司策划部下发的策划书要求，进行 VR 模型的 UI 动效脚本设计。需熟悉界面的属性参数，掌握 UI 动效脚本设计方法，并能将成果交付至下一环节，以进行 UI 交互动效的制作。

（2）学习目标

通过本学习任务，学生应能正确识读企业下发的策划书；理解 VR 作品中 UI 动效的脚本原理与方法，掌握 VR 作品中 UI 动效脚本制作的特点；查阅相关背景资料，并根据模型的特点，展开动效脚本的设计工作。

（3）工作项目分析

为推动汽车产业的繁荣发展，某汽车品牌公司的策划部门计划开发一款线上体验游戏产品，以提升品牌影响力并促进品牌发展。需要学生完成该 VR 游戏中的 UI 动效脚本设计。现设计部门主管将此项任务交予学生，要求在一周内完成。接到任务后，学生须按照公司规定，向策划部门进一步了解 UI 界面脚本设计的相关需求，并提出合理化建议。在双方达成一致意见后，搜集相关背景资料，进行初步的 UI 动效脚本设计。经过修改调整，征得对方同意后，完成 UI 动效脚本的设计，并交予主管部门及策划部门审定。根据审定意见进行修改，直至提供模型源文件，最后填写相关单据。

（4）任务分组

将学生分为 4 ~ 5 人一组，完成 UI 动效脚本设计任务。组长需填写表 3-1《任务分组一览表》。

表 3-1

组别	工作任务：按照项目要求，完成 UI 动效脚本设计
1	
2	
3	
4	

（5）工作准备

①每组根据工作任务书的需求，依次进行分析和探讨，填写并提交质量技术记录；

②搜集汽车行业背景资料，了解 UI 脚本需要呈现的信息内容；

③结合项目任务书，剖析汽车 VR 游戏中动效脚本设计的原理和难点。

（6）引导问题

① VR 动效脚本的概念是什么？

VR 动效脚本是指在 VR 游戏中，用于控制用户与虚拟环境之间交互行为的一组代码或指令。它主要包括：定义用户与对象或界面之间的互动方式（用户交互），通过设置事件监听器响应用户操作（事件驱动）、管理人物动画效果（动画控制）、查看用户操作对环境状态的影响（状态管理）以及提供听觉、视觉、触觉等感官上的反馈机制等。只有生成 VR 动效脚本后，才能进一步完成 VR 动效交互的设计。

②在 VRP 3D Engine 中，VR 动效的脚本类型有哪些？

在 VRP 3D Engine 中，脚本类型包括逻辑、文本、变量、模型、相机、动画、UI、角色、运行库等。需要根据角色需求选择对应类型的脚本标签。

（7）工作计划与实施

每组学生须认真阅读策划书，根据策划书的要求制定个人计划和方法，并搜集 VR 动效脚本设计的相关资料。小组集中搜集资料并进行讨论后，完成脚本内容的设计。教师审查每个小组的方法计划（表 3-2），并依次对每组进行指导调整。

表 3-2

序号	姓名	设计时间		备注
		汽车信息	脚本设计	
1				
2				
3				

（8）评价反馈

每位学生的成绩评定通过学生自评、小组互评和教师评价三个阶段完成，其中综合评价结果由自评（20%）、小组互评（30%）与教师评价（50%）三部分按比例构成。

①学生完成自我评价，并将结果填入《学生自评表》（表 3-3）。

表 3-3

学习情景 1		UI 动效脚本设计		
序号	评价项目	评价标准	分值	得分
1	软件使用	能独立使用 VRP3D 引擎等相关软件	10	
2	工具操作	能根据信息内容对模型进行脚本设计	10	
3	脚本原理	能掌握 VR 脚本原理，总结归纳 VR 脚本规律	20	
4	脚本制作	能掌握 VR 脚本制作与呈现	10	
5	脚本拓展	完成脚本设计的基础上进一步拓展丰富角色动作	10	
6	工作态度	态度端正，主动思考，积极推进工作	10	
7	工作质量	能按照要求建模，按计划完成工作任务	10	
8	协调能力	与小组成员、同学之间能合作交流，协调工作	5	
9	职业素质	积极主动查阅并借鉴相关资料	5	
10	创新意识	在角色动作脚本设计上有创新点	10	
合计			100	

②学生以小组为单位，对 VR 动效脚本设计的过程与结果进行互评，将互评结果填入《学生互评表》（表 3-4）。

表 3-4

学习情景 1		UI 动效脚本设计									
评价项目	分值	等级				评价对象（组别）					
计划安排	8	优	良	中	差	1	2	3	4	5	6
工具操作	8	优	良	中	差						
脚本原理	8	优	良	中	差						
脚本制作	8	优	良	中	差						
脚本拓展	8	优	良	中	差						
工作态度	8	优	良	中	差						
工作质量	16	优	良	中	差						
协调能力	16	优	良	中	差						
职业素质	10	优	良	中	差						
创新意识	10	优	良	中	差						
合计	100										

③教师对工作过程和结果进行评价，并将评价结果填入《教师综合评价表》（表 3-5）。

表 3-5

学习情景 1		UI 动效脚本设计		
评价项目		评价标准	分值	得分
考勤（10%）		无无故迟到、早退、旷课现象	10	
工作过程（60%）	软件使用	能独立使用 VRP 3D Engine、UE5 等引擎软件	5	
	工具操作	能根据信息内容对角色动作进行脚本设计	5	
	脚本原理	能掌握 UI 脚本原理，总结归纳 UI 脚本规律	5	
	脚本制作	能掌握 UI 脚本制作与呈现	5	
	脚本拓展	完成脚本设计的基础上进一步拓展丰富角色动作	5	
	工作态度	态度端正，主动思考，积极推进工作	10	
	工作质量	能按照要求建模，按计划完成工作任务	5	
	协调能力	与小组成员、同学之间能合作交流，协调工作	5	
	职业素质	积极主动查阅并借鉴相关资料	5	
	创新意识	在角色动作脚本设计上有创新点	10	

续表

学习情景 1		UI 动效脚本设计		
评价项目		评价标准	分值	得分
项目成果 （30%）	工作规范	能按工作规范进行设计	10	
	设计效果	能正确识读策划书并按要求进行脚本设计	10	
	成果展示	成果效果良好，具有完整性	10	
合计			100	
综合评价	自评 （20%）	小组互评 （30%）	教师评价 （50%）	综合得分

（9）学习提示

①创作思路：在设计 UI 动效脚本时，需充分考虑虚拟现实的特性、用户体验，以及角色在虚拟空间中的行为表现。此项目要求掌握脚本语言的基本原理与方法，并在此基础上进行优化，以满足汽车 VR 游戏项目的背景需求。

②工具运用：本任务需根据项目背景生成 UI 动效的脚本文档，为后续在 VRP 3D Engine 中制作 UI 交互动效界面奠定基础。

③任务拆分：UI 动效脚本设计项目可大致分为以下几个关键步骤（图 3-1）。

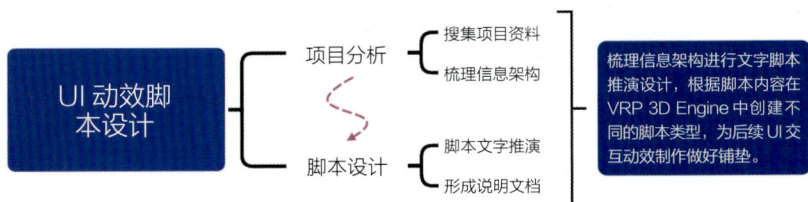

图 3-1　工作任务思维导图

（10）具体操作步骤

下面以工作任务为例，演示 UI 交互动效脚本设计的关键步骤。

①整理汽车所蕴含的相关信息内容，以便在 UI 界面中呈现并用于信息介绍（图 3-2）。

②将整理出的信息内容进行架构和流程的梳理，并根据信息的重要程度进行层级划分（图 3-3）。

③提取第一层级文字作为关键词（图 3-4）。

④按照"物件 + 内容"的格式，将关键词组合成单句形式（图 3-5）。

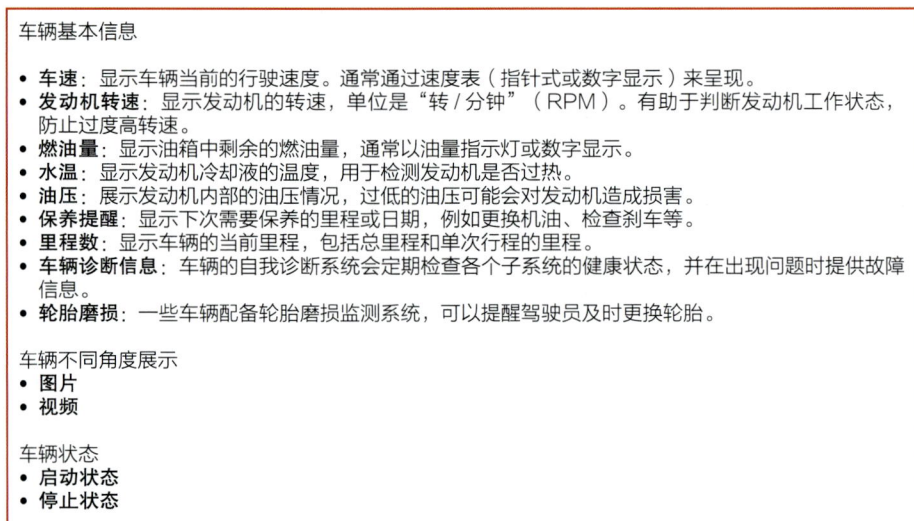

图 3-2

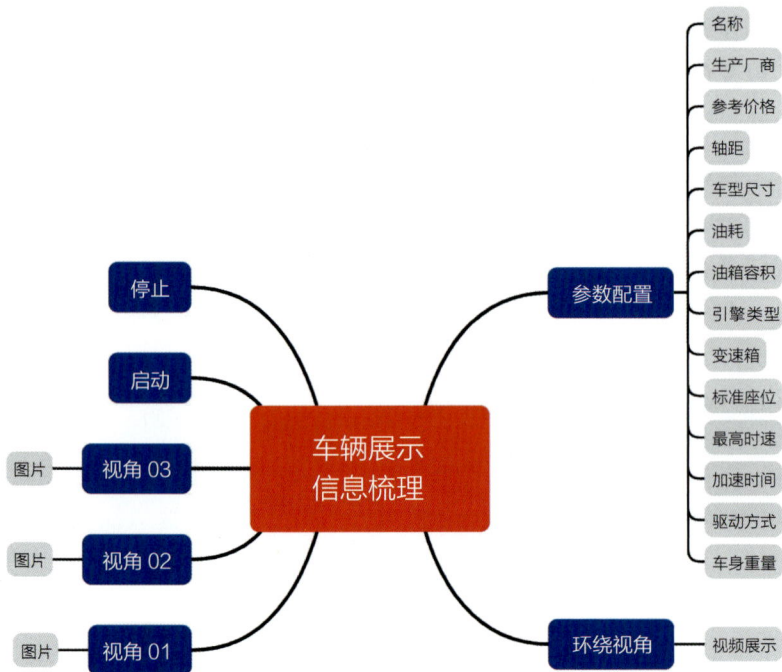

图 3-3

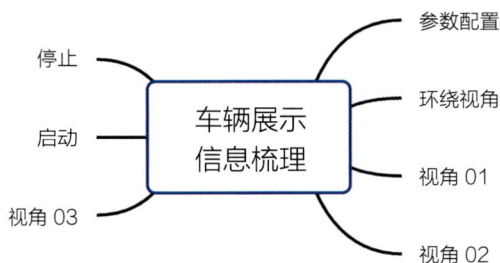

图 3-4

图 3-5

⑤形成说明文档，提交给下一步任务，以便在 VRP 3D Engine 中展开 UI 交互动效制作（图 3-6）。

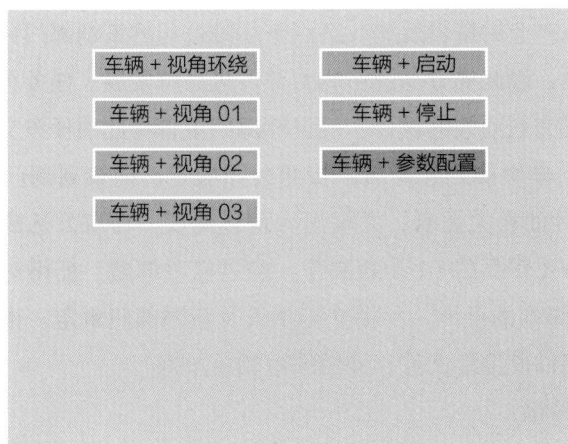

图 3-6

小结

UI 动效脚本设计的关键在于信息的梳理与文字推演过程，需将关键信息按重要性层级进行架构，为 UI 交互动效的制作奠定坚实基础，确保后续动效能够按照脚本设计的内容顺利展开。

任务 3.2　UI 交互动效制作

（1）工作情景描述

依据《虚拟现实应用设计与制作技能等级证书（中级）》（由福建省网龙普天教育科技有限公司制定），根据某虚拟现实数字化开发有限公司策划部下发的策划书要求，开展 UI 交互动效的设计与制作工作。需根据策划文档中的交互需求，掌握并实现虚拟现实环境中的 UI 交互效果，涵盖菜单界面、按钮响应、提示信息、过渡动画等，确保 UI 元素的显示与操作贴合 VR 用户的使用习惯，增强沉浸感与互动体验，保证在虚拟现实环境中流畅、准确地运行，最终打造出高质量的 VR 作品。

（2）学习目标

通过本学习任务，学生能够准确解读并理解企业下发的策划书，把握 VR 项目中 UI 交互动效的需求与目标，确保后续设计满足项目需求和用户体验要求；理解并掌握 UI 交互设计的基本原理与特征，能够分析 VR 环境中 UI 元素的动态效果，根据前一任务梳理的动效脚本进一步完成 VR 设计，包括按钮、菜单、提示框等的交互行为和反馈机制。

（3）工作项目分析

为助力汽车产业的蓬勃发展，某汽车品牌公司的策划部门计划开发一款线上体验游戏产品，以此提升品牌影响力并促进品牌发展。任务具体要求为：根据脚本文档完成交互动效的设计。现设计部门主管将此项任务交予学生，要求在一周内完成。学生接到任务后，按照公司规定，向策划部门深入了解汽车 UI 交互动效设计的相关需求，并提出合理化建议。在双方达成一致意见后，着手进行汽车 VR 作品的 UI 动效制作，经过修改调整，征得对方同意后，完成汽车 UI 动效脚本的设计，并提交给主管及策划部门审定。根据审定意见进行修改，直至提供模型源文件，最后填写相关单据。

（4）任务分组

将学生分为 4 ～ 5 人一组，完成 UI 交互动效设计相关资料搜集任务。组长填写表3-6。

表 3-6

组别	工作任务：按照项目要求，完成 UI 交互动效设计相关资料搜集任务
1	
2	
3	
4	

（5）工作准备

①每组根据工作任务书的需求，依次进行分析和探讨，填写并提交质量技术记录；

②搜集汽车行业背景资料，了解 UI 交互动效的展示内容；

③结合项目任务书，剖析 UI 交互动效制作的难点和常见的技术问题。

（6）引导问题

① UI 交互动效制作的步骤是什么？

需求分析与规划：明确交互动效的目的、分析用户需求与用户行为习惯；

界面设计与布局：简洁的 UI 界面确保交互元素的位置和样式；

动效设计：根据 UI 设计创建动画效果，设计交互反馈；

运用引擎工具实现交互动效的制作效果；

性能优化以及测试反馈，减少不必要的元素，确保运行流畅。

② UI 交互动效制作中如何让用户辨别可交互元素？

设置交互提示，引导用户操作；

高亮和视觉反馈：确保交互元素在用户视线范围内时能提供明显的反馈，如按钮悬停时改变颜色或大小，滑块移动时给出动态的视觉效果；

明确的标识：使用标准的 UI 元素，并通过统一的设计语言来区分交互元素与非交互元素；

标签和提示：为每个交互元素添加清晰的文字标签或图标，或提供悬停提示，帮助用户理解该元素的功能。

③如何避免 UI 交互动效带给用户不好的体验？

保持动效简洁且易于理解，确保每个动画都有明确的目的和功能，避免无意义的炫技效果；

确保动画过渡流畅自然，避免突兀的变化或太快的跳跃式动画；

优化反馈机制，确保用户操作后能获得即时、清晰的视觉反馈，帮助用户确认操作是否成功；

对于 VR 等沉浸式环境，要注意 UI 动画不要过于剧烈或频繁，避免引发晕动症等不适感。

（7）工作计划与实施

每组学生认真阅读策划书，根据策划书的要求制定自己的计划，并在搜集了角色人物背景后进行 UI 需求设计。经小组集中讨论后，完成 UI 交互动效的制作。教师审查每个小组的方法计划（表 3-7），并依次对每组进行指导调整。

表 3-7

序号	姓名	VR 角色	设计时间		备注
			UI 需求	UI 交互动效	
1					
2					
3					

（8）评价反馈

每位学生的成绩评定通过学生自评、小组互评和教师评价三个阶段完成，其中综合评价结果由自评（20%）、小组互评（30%）与教师评价（50%）三部分按比例构成。

①学生须完成自我评价，并将结果填入《学生自评表》（表 3-8）中。

表 3-8

学习情景 1		UI 交互动效制作		
序号	评价项目	评价标准	分值	得分
1	软件使用	能独立使用 UE5、VRP 3D Engine 等引擎	10	
2	工具操作	能熟练操作二维软件进行 UI 界面设计	10	
3	动效设计	根据需求分析创建 UI 元素的动画效果	20	
4	需求分析	根据角色背景信息分析 UI 需求	10	
5	交互实现	使用引擎工具实现动画交互效果，保证运行流畅	10	
6	工作态度	态度端正，主动思考，积极推进工作	10	
7	工作质量	能按照要求建模，按标准完成工作任务	10	
8	协调能力	能与小组成员、同学合作交流，协调工作	5	
9	职业素质	积极主动查阅并借鉴相关资料	5	
10	创新意识	在 UI 交互动效上有创新点	10	
		合计	100	

②学生以小组为单位，对角色建模设计的过程与结果进行互评，并将互评结果填入《学生互评表》（表 3-9）中。

表 3-9

学习情景 1		UI 交互动效制作									
评价项目	分值	等级				评价对象（组别）					
计划安排	8	优	良	中	差	1	2	3	4	5	6
工具操作	8	优	良	中	差						
需求分析	8	优	良	中	差						
动效设计	8	优	良	中	差						
交互实现	8	优	良	中	差						
工作态度	8	优	良	中	差						
工作质量	16	优	良	中	差						

续表

学习情景 1		UI 交互动效制作						
评价项目	分值	等级				评价对象（组别）		
协调能力	16	优	良	中	差			
职业素质	10	优	良	中	差			
创新意识	10	优	良	中	差			
合计	100							

③教师对工作过程和结果进行评价，并将评价结果填入《教师综合评价表》（表 3-10）中。

表 3-10

学习情景 1		UI 交互动效制作		
评价项目		评价标准	分值	得分
考勤（10%）		无无故迟到、早退、旷课现象	10	
工作过程（60%）	软件使用	能独立使用 UE5、VRP 3D Engine 等引擎	5	
	工具操作	能熟练操作数位板对角色进行雕刻和修改	5	
	需求分析	根据角色背景信息分析 UI 需求	5	
	动效设计	根据需求分析创建 UI 元素的动画效果	5	
	交互实现	使用引擎工具实现动画交互效果，保证运行流畅	5	
	工作态度	态度端正，主动思考，积极推进工作	10	
	工作质量	能按照要求建模，按计划完成工作任务	5	
	协调能力	能与小组成员、同学合作交流，协调工作	5	
	职业素质	积极主动查阅并借鉴相关资料	5	
	创新意识	在 UI 交互动效上有创新点	10	
项目成果（30%）	工作规范	能按工作规范进行设计	10	
	设计效果	能正确识读策划书并按要求进行 UI 交互动效设计	10	
	成果展示	成果效果良好，具有完整性	10	
合计			100	
综合评价	自评（20%）	小组互评（30%）	教师评价（50%）	综合得分

（9）学习提示

①创作思路：在 VR 作品中，UI 交互动效能更有效地吸引用户与作品进行主动交互。该项目要求学生掌握脚本语言的基本原理与方法，并据此进行脚本优化，以满足汽车 VR 游戏项目的特定背景需求。

②工具运用：在 UI 动效脚本设计的基础上，进一步运用 VRP 3D Engine 图形编辑器进行实际操作，重点学习在 VRP 3D Engine 中用户交互界面的操作技巧。

③任务拆分：UI 交互动效制作项目可大致分为以下几个关键步骤（图 3-7）。

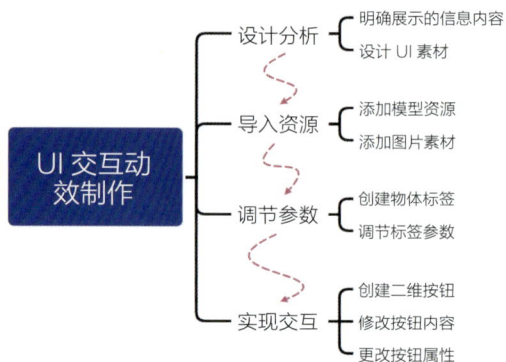

图 3-7　工作任务思维导图

（10）具体操作步骤

下面以工作任务为例，演示 UI 交互动效制作的关键步骤。

①将汽车模型文件导入 VRP 3D Engine（图 3-8）。

图 3-8

②选择场景，右键添加"二维物件 - 图片"作为车辆 logo 展示（图 3-9）。

图 3-9

③选择图片二维模型，更改属性名为"logo_Image"，并添加 logo 贴图（图 3-10），随后调整图片参数（图 3-11）。

④选择二维物体父节点，右键添加"二维物体 - 标签"（图 3-12），更改标签名称和背景颜色，使标签变为透明（图 3-13），并调节标签的参数，包括尺寸、位置、字体大小和颜色（图 3-14）。

⑤选择二维物体父节点，右键添加"二维物体 - 按钮"（图 3-15）；更改按钮的参数名称、尺寸、位置、字体大小和内容（图 3-16）；对按钮图片进行美化设计（图 3-17），并放置对应的贴图文件（图 3-18）。

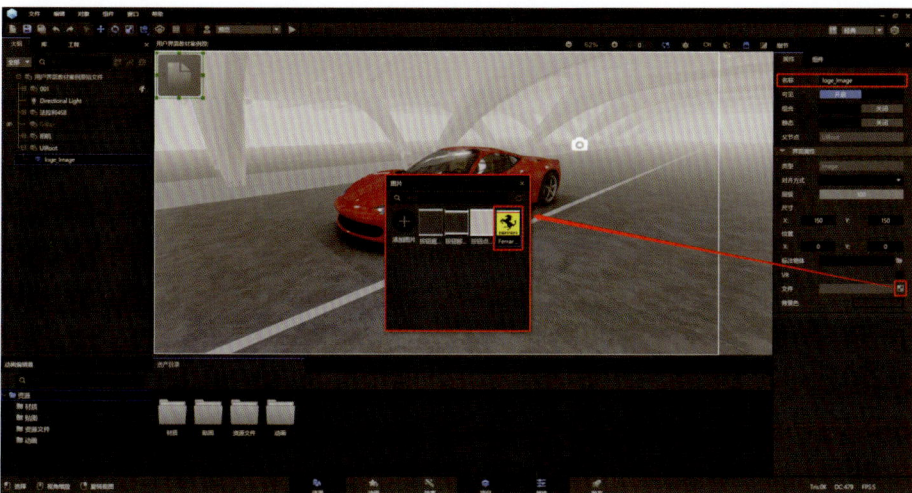

图 3-10

图 3-11

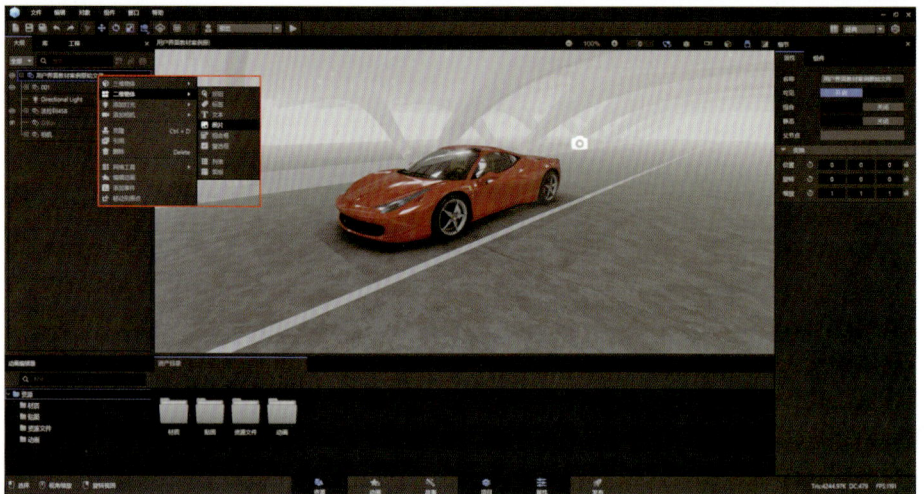

图 3-12

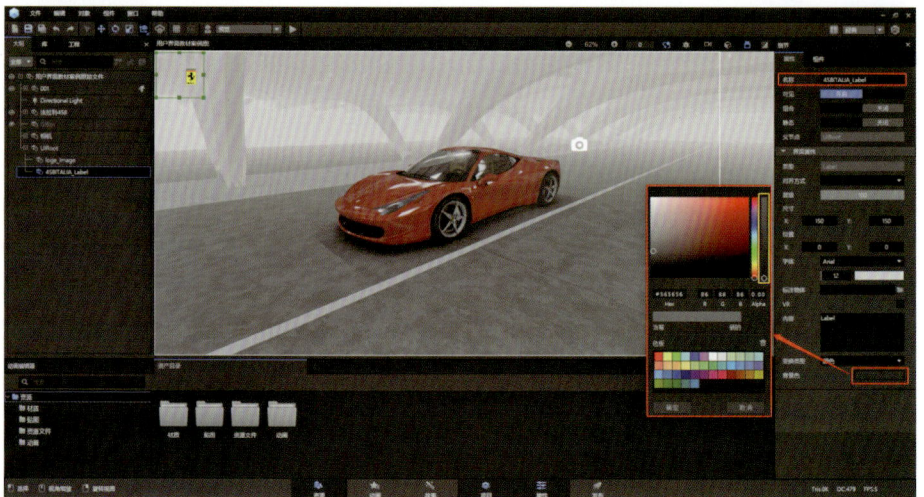

图 3-13

图 3-14

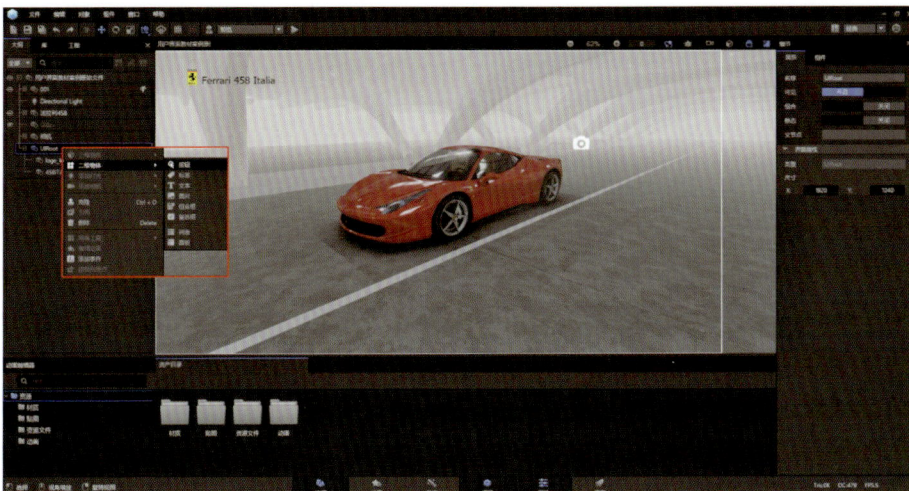

图 3-15

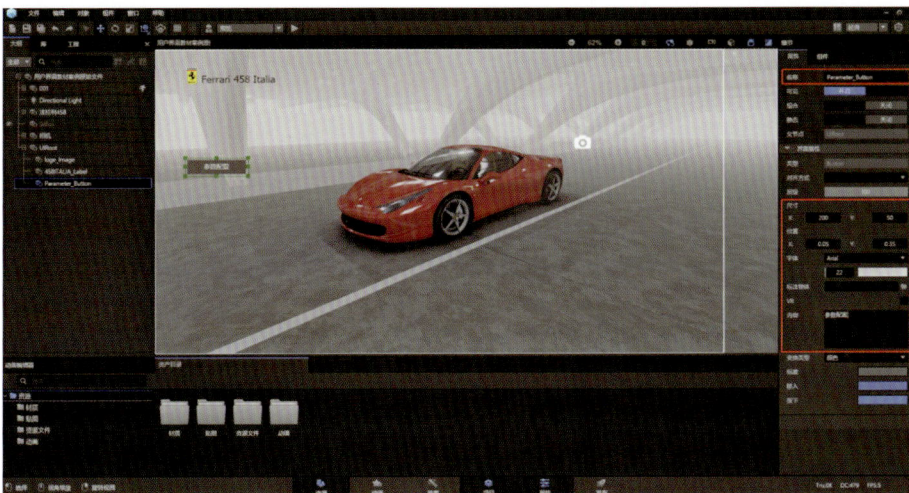

图 3-16

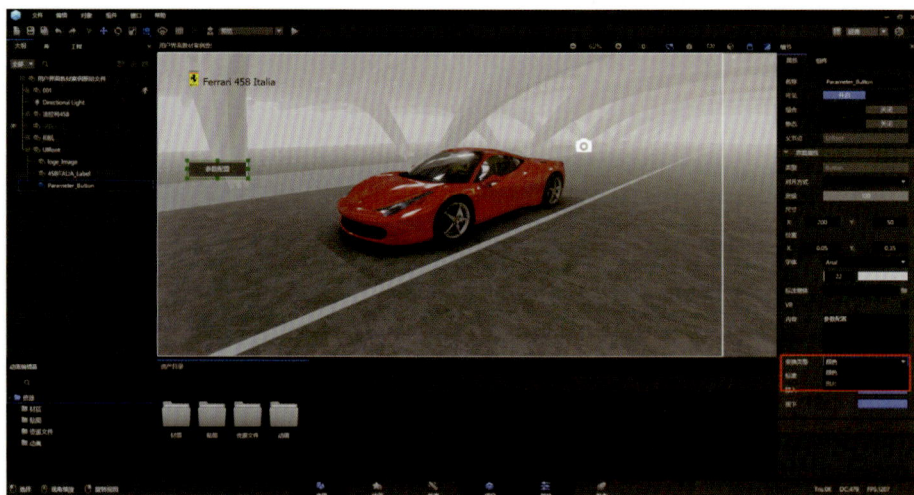

图 3-17

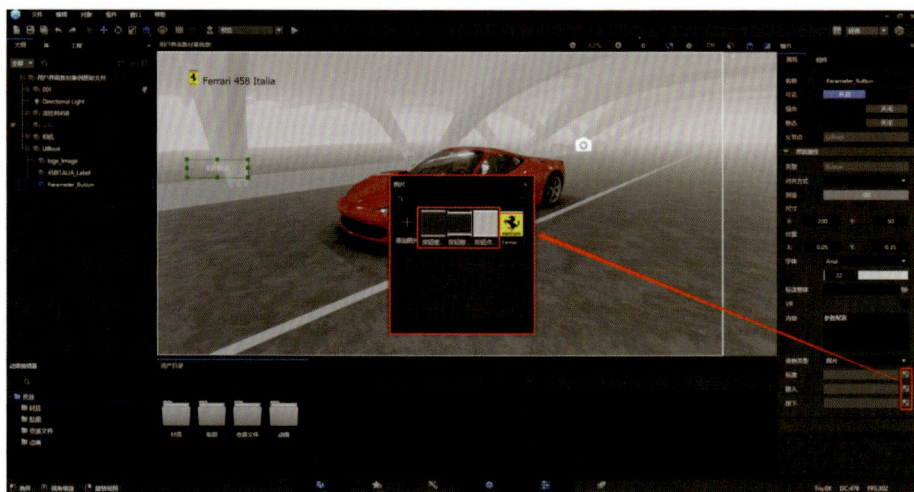

图 3-18

⑥以同样的方式创建其他按钮，制作更多的按钮界面，并统一更改按钮的名称、尺寸、位置、字体、变换类型等（图 3-19）。

⑦选择二维物体父节点，右键添加"二维物体 - 标签"（图 3-20）；更改标签名称和参数信息（图 3-21）；更改背景颜色，使标签变为半透明状（图 3-22）。

⑧完成 UI 交互动效制作（图 3-23）。

⑨点击播放键，进入播放页面，观看整个交互动效界面（图 3-24）。

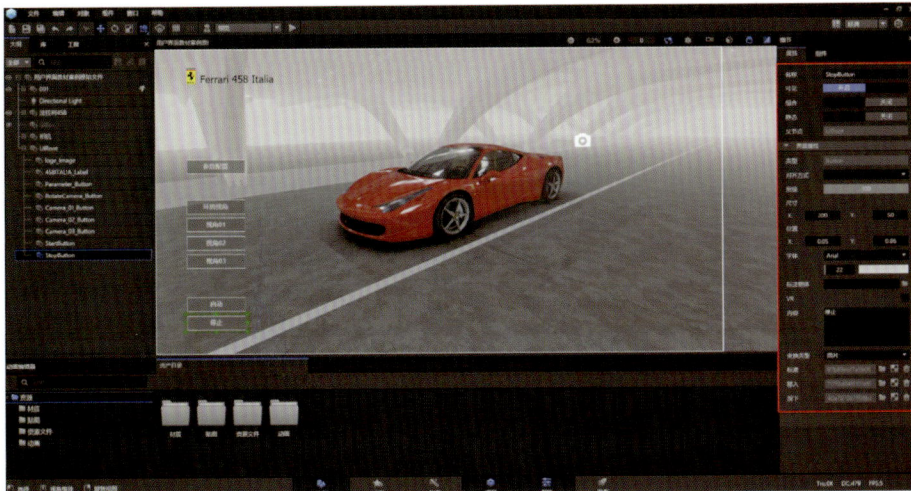

图 3-19

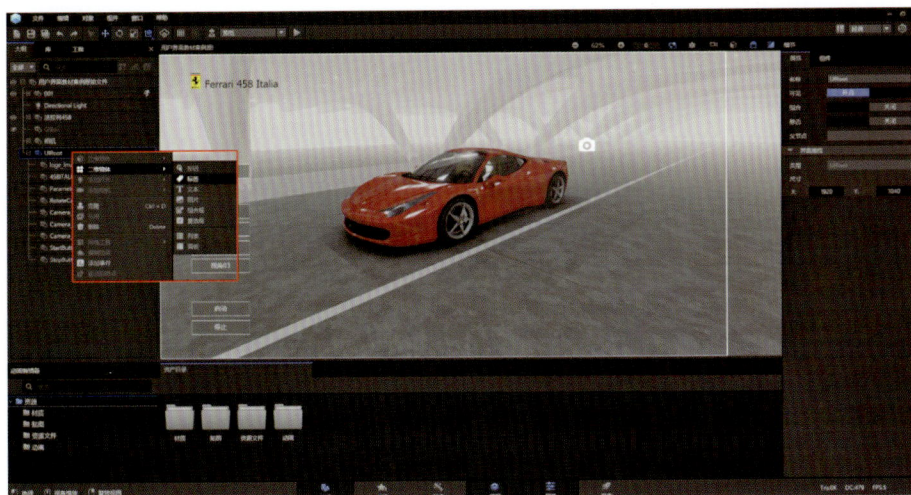

图 3-20

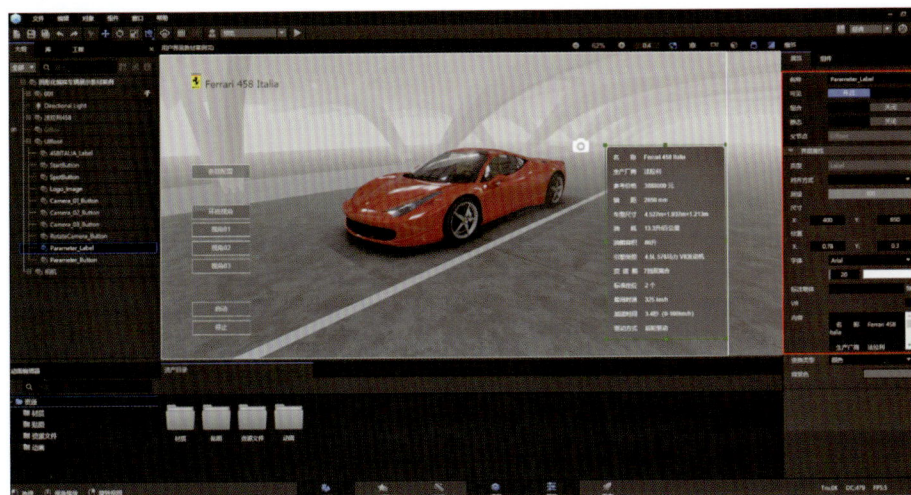

图 3-21

图 3-22

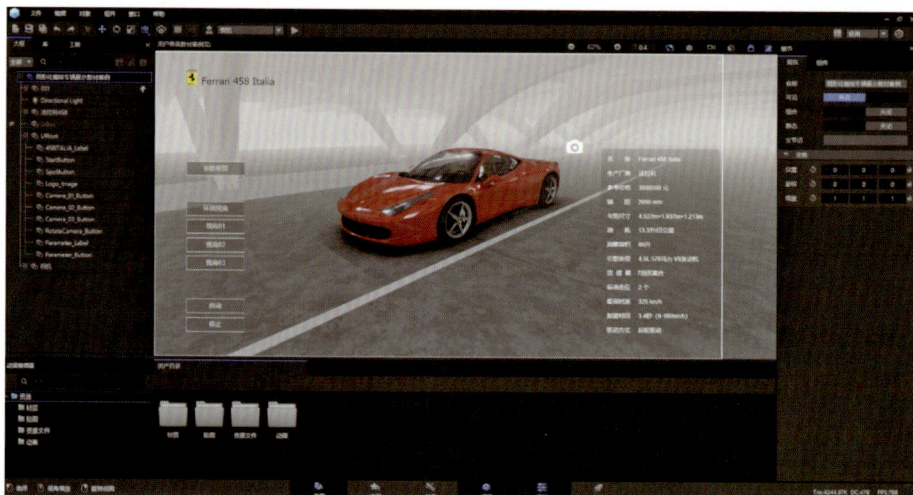

图 3-23

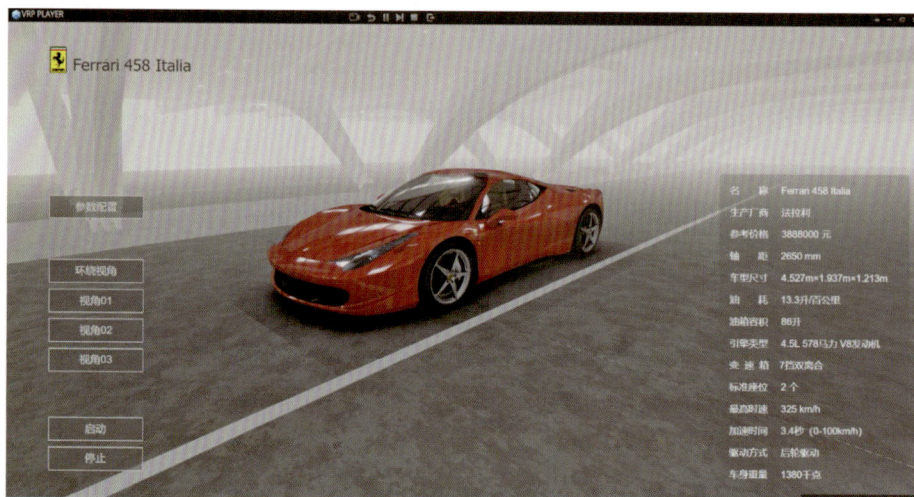

图 3-24

UI 交互动效制作是在 VRP 3D Engine 中进行的，需要综合考虑界面信息的呈现以及交互按钮的制作。在界面中上传制作好的素材后，需仔细调节物件的标签和参数细节，最终实现按钮之间的交互信息跳转。制作过程中应确保交互动效与脚本内容的匹配性。

任务 3.3　VR 角色动效制作

（1）工作情景描述

根据虚拟现实应用设计与制作职业技能等级证书（中级）对应的标准，依据某游戏开发有限公司策划部下发的策划书要求，开展 VR 角色模型的动效制作。须掌握 VR 角色动效的创建方法，并能顺利交付至下一环节进行 VR 角色动效测评。

（2）学习目标

通过本学习任务，学生应能正确解读企业下发的策划书；理解并掌握 VR 角色的动作表现技巧；熟练掌握 Blender、Maya、C4D 等三维动画软件的使用；能够查阅相关资料，根据人物角色的背景信息，创建符合角色特点的动效；全面掌握 VR 角色动效的制作方法。

（3）工作项目分析

为提升游戏产品的沉浸感与互动性，某游戏公司策划部门计划开发一款益智类主题的 VR 游戏。该项目旨在通过 VR 技术展现游戏中 VR 角色的动画效果。具体要求包括：搜集人物角色资料后确定动作姿态，将提供的角色模型文件和角色骨骼文件进行绑定，并完成动效制作。现设计部主管将此任务交予学生，要求在一周内完成。接到任务后，学生须根据公司规定，向策划部门进一步了解角色动效的相关需求，并提出合理化建议。在双方达成一致后，进行初步的资料搜集与动效制作，经过修改调整，征得对方同意后，完成 VR 角色动效的制作并交由主管及策划部门审定。根据审定意见进行修改，直至提供模型源文件，并填写相关单据。

（4）任务分组

将学生分为 4 ~ 5 人一组，完成 VR 角色背景资料的搜集任务。组长需填写表 3-11。

表 3-11

组别	工作任务：搜索 VR 角色背景资料作为动作姿态参考，完成 VR 角色的动效制作。
1	
2	
3	
4	

（5）工作准备

①每组根据工作任务书的需求，依次进行分析和探讨，填写并提交质量技术记录；

②根据游戏项目背景资料，搜集并确定 VR 角色的姿态动作；

③结合项目任务书，分析 VR 角色动效制作的难点和常见技术问题。

（6）引导问题

① VR 角色动效制作的步骤是什么？

首先，需要创建角色模型和角色骨骼，并将其导入三维动画软件中；其次，将骨骼和角色进行绑定，并按照动作要求调整骨骼权重分配；最后，添加动画关键帧，创建、调整和优化角色动画效果。

②如何避免 VR 角色动画出现扭曲、变形或不自然的动作？

检查骨骼结构，确保层级关系和权重绘制的合理性；优化权重绘制，调整权重以确保骨骼的变形平滑；使用骨骼约束，限制骨骼动作，避免过度变形或不自然的动作。

（7）工作计划与实施

每组学生须认真阅读策划书，根据策划书要求制定个人计划和方法，并搜集相关资料作为 VR 角色的动作参考。小组集中搜集资料并进行讨论后，完成 VR 角色动效制作。教师审查每个小组的方法计划（表 3-12），并依次对每组进行指导调整。

表 3-12

序号	姓名	VR 角色	设计时间		备注
			动作参考	角色动效	
1					
2					
3					

（8）评价反馈

每位学生的成绩评定通过学生自评、小组互评和教师评价三个阶段完成，其中综合评价结果由自评（20%）、小组互评（30%）与教师评价（50%）三部分按比例构成。

①学生完成自我评价，并将结果填入《学生自评表》（表 3-13）中。

表 3-13

学习情景 1		VR 角色动效制作		
序号	评价项目	评价标准	分值	得分
1	软件使用	能独立使用 Blender、Maya 等三维动画软件	10	
2	工具操作	能熟练运用三维动画软件中的工具进行 VR 角色动效的创建	10	
3	骨骼绑定	正确将模型文件与骨骼文件进行绑定	20	
4	角色姿势	能按照需要的姿势正确调整骨骼动作	10	
5	动画输出	能准确将创建好的角色动效进行动画导出	10	
6	工作态度	态度端正，主动思考，积极推进工作	10	
7	工作质量	能按照要求建模，按标准完成工作任务	10	
8	协调能力	与小组成员、同学之间能合作交流，协调工作	5	
9	职业素质	积极主动查阅并借鉴相关资料	5	
10	创新意识	在角色动效的制作上有创新点	10	
		合计	100	

②学生以小组为单位，在角色建模设计的过程中与结果进行互评，将互评结果填入《学生互评表》（表 3-14）中。

表 3-14

学习情景 1		VR 角色动效制作									
评价项目	分值	等级				评价对象（组别）					
						1	2	3	4	5	6
计划安排	8	优	良	中	差						
工具操作	8	优	良	中	差						
骨骼绑定	8	优	良	中	差						
角色姿势	8	优	良	中	差						
动画输出	8	优	良	中	差						
工作态度	8	优	良	中	差						

续表

学习情景 1		VR 角色动效制作						
评价项目	分值	等级					评价对象（组别）	
工作质量	16	优	良	中	差			
协调能力	16	优	良	中	差			
职业素质	10	优	良	中	差			
创新意识	10	优	良	中	差			
合计	100							

③教师对工作过程和结果进行评价，并将评价结果填入《教师综合评价表》（表 3-15）中。

表 3-15

学习情景 1		VR 角色动效制作	分值	得分
考勤（10%）		无无故迟到、早退、旷课现象	10	
工作过程（60%）	软件使用	能独立使用 Blender、Maya 等三维动画软件	5	
	工具操作	能熟练运用三维动画软件中的工具进行 VR 角色动效的创建	5	
	骨骼绑定	正确将模型文件与骨骼文件进行绑定	5	
	角色姿势	能按照需要的姿势正确调整骨骼动作	5	
	动画输出	能准确将创建好的角色动效进行动画导出	5	
	工作态度	态度端正，主动思考，积极推进工作	10	
	工作质量	能按照要求建模，按计划完成工作任务	5	
	协调能力	与小组成员、同学之间能合作交流，协调工作	5	
	职业素质	积极主动查阅并借鉴相关资料	5	
	创新意识	在角色动效的制作上有创新点	10	
项目成果（30%）	工作规范	能按工作规范进行设计	10	
	设计效果	能正确识读策划书并按要求进行角色动效制作	10	
	成果展示	完成效果良好，具有完整性	10	
合计			100	
综合评价	自评（20%）	小组互评（30%）	教师评价（50%）	综合得分

（9）学习提示

①创作思路：VR 角色动效制作是在完成角色模型和角色骨骼创建的基础上进行的。需将两者导入三维动画软件中进行绑定，并调整骨骼权重。根据任务要求，利用旋转、缩放等工具调整骨骼状态，从而定义角色的动作形态。随后添加动画关键帧，调整动画曲线以使其更流畅。制作完成的动效需进行输出，为后续导入引擎做好准备。

②工具运用：该项目旨在让学生学会在三维动画软件 Blender 中，通过调整骨骼状态来制作动作形态，并输出动效视频。在此过程中，需注意角色动作形态是否与任务要求相匹配，以及输出动画是否流畅。

③任务拆分：对于 VR 角色动效制作这一项目，大致可将其分为以下几个关键步骤（图 3-25）。

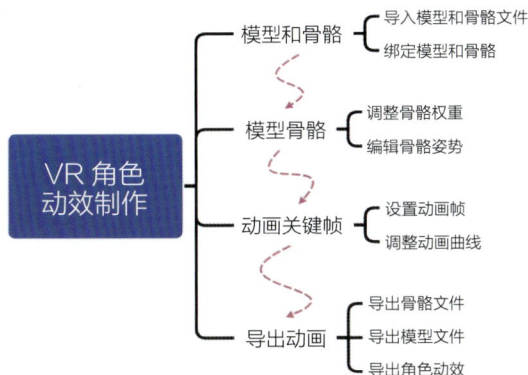

图 3-25　工作任务思维导图

（10）具体操作步骤

以下以工作任务为例，演示 VR 角色动效制作的关键步骤。

①在 Blender 中导入模型和骨骼文件（图 3-26）。

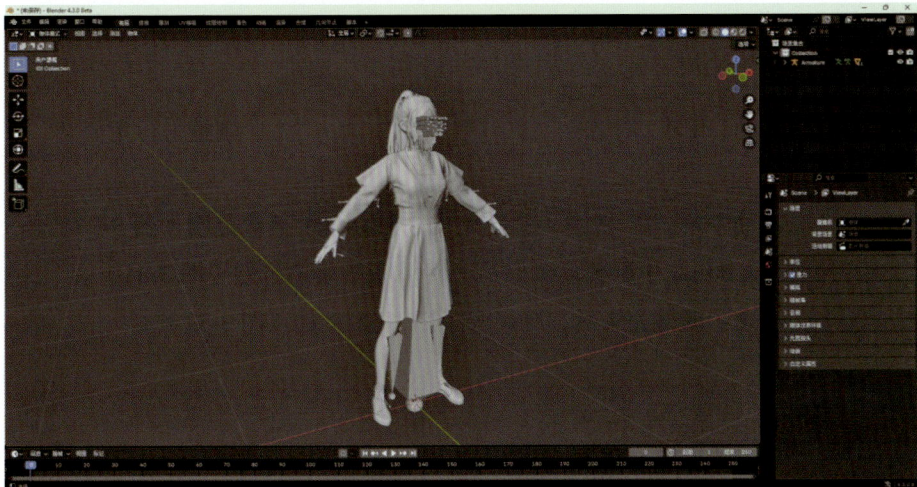

图 3-26

②将导入的模型文件与角色骨骼进行正确绑定（图 3-27）。

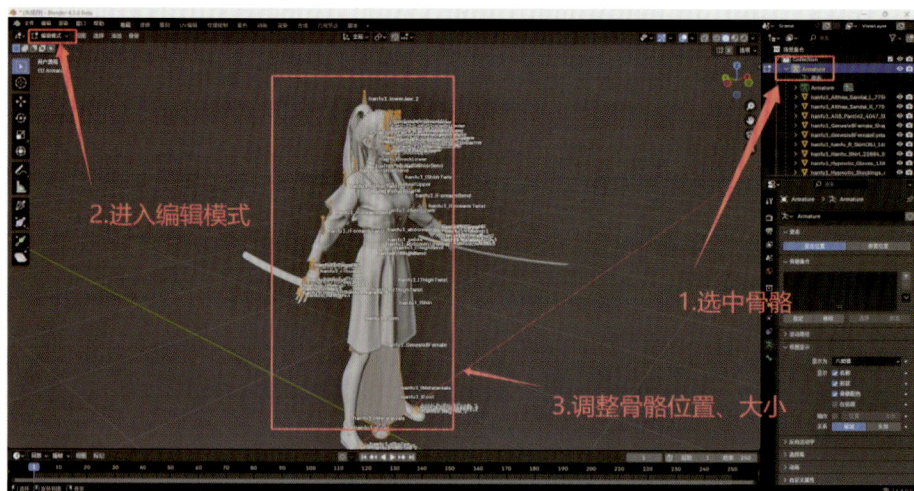

图 3-27

③切换到姿势模式，进入骨骼控制界面（图 3-28）。

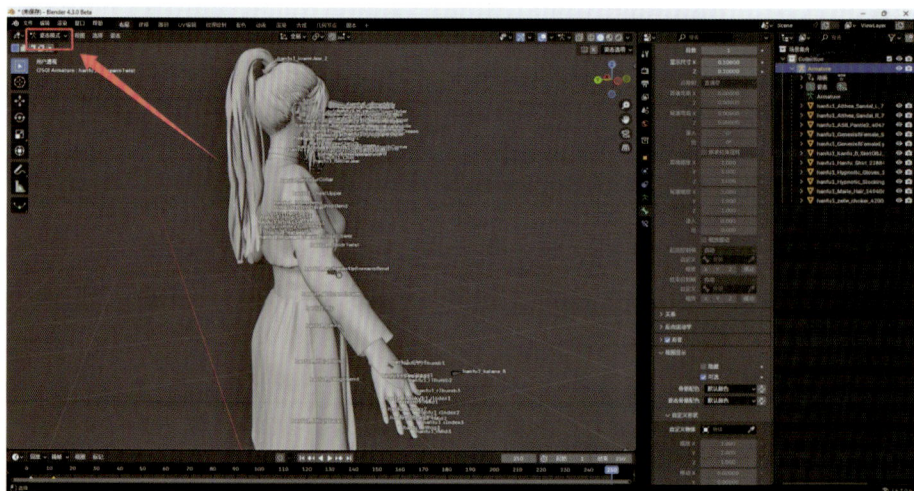

图 3-28

④利用移动、旋转、缩放等工具调整骨骼位置，将角色调整为行走姿态（图 3-29）。

⑤在时间轴中按"I"键插入关键帧，控制动画的播放范围（图 3-30）。

⑥在 Graph Editor 中调整动画曲线，使动画效果更自然（图 3-31）。

⑦导出动画：调试完毕后，导出为 FBX 格式文件（图 3-32）。

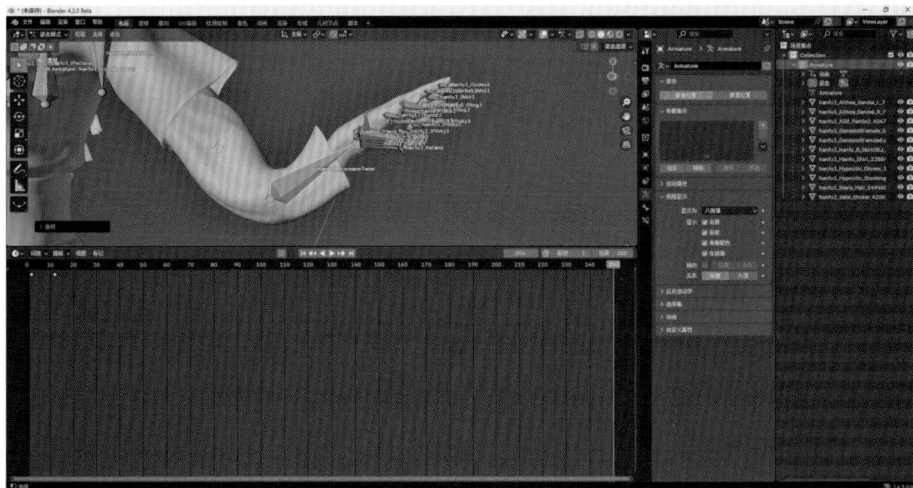

图 3-29

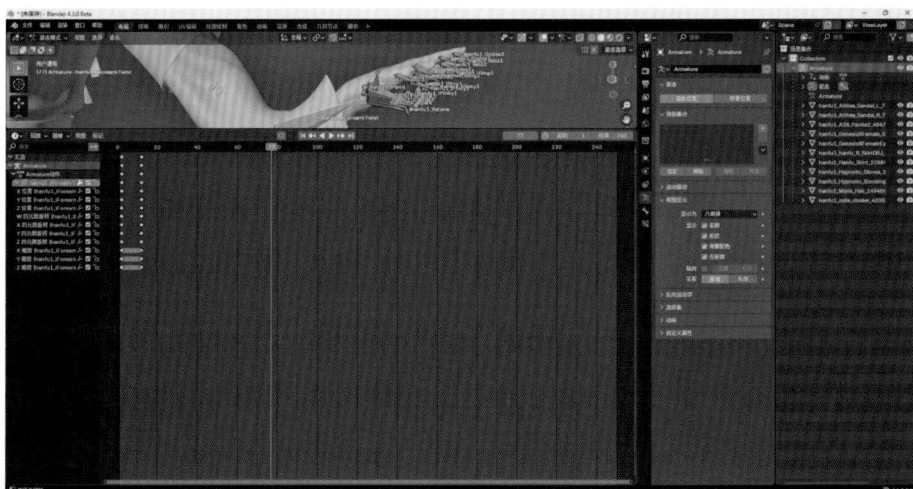

图 3-30

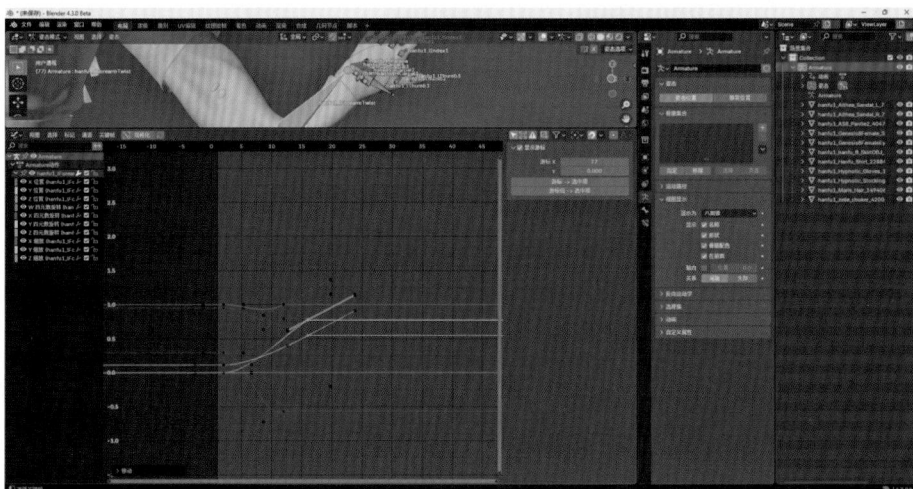

图 3-31

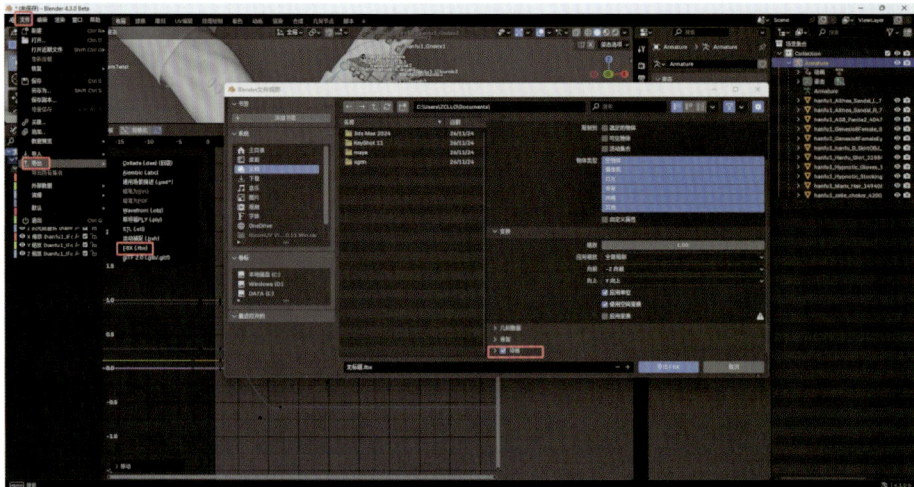

图 3-32

小结

在 Blender 中进行 VR 角色动效制作时，首先需确保模型和骨骼绑定正确。通过 Pose Mode 调整角色姿势，使用关键帧动画制作动作。调整好动画曲线后，可进一步优化动画的流畅性。最终，通过导出 FBX 文件，将角色动画导入游戏引擎。整个过程需进行大量的细节调整与预览，以确保每个动作都自然且符合项目需求。

任务 3.4　VR 角色动效测评

（1）工作情景描述

依据虚拟现实应用设计与制作职业技能等级证书（中级）对应的标准，根据某游戏公司策划部下发的策划书要求，开展 VR 角色动效测评工作。需在游戏引擎中完成场景搭建，并呈现 VR 角色的动画效果。

（2）学习目标

通过本学习任务，学生应能正确识读企业下发的策划书；理解并掌握 VR 角色动效测评的方法；熟练运用 UE5、Unity 3D 等游戏引擎，以及 Blender、C4D 等三维软件，根据 VR 角色特点完善场景搭建，并进行角色动效测评。

（3）工作项目分析

为在虚拟现实环境中提供更加真实流畅的角色体验，本项目重点在虚幻引擎中进行 VR 角色的动效测评。根据提供的角色模型和骨骼动效文件，在虚幻引擎中搭建一个与角色形象相匹配的山洞场景，并完成 VR 角色动效测评任务。现设计部主管将此任务交予学生，要求在一周内完成。接到任务后，学生须按照公司规定，向策划部门进一步了解 VR 角色动效测评的相关需求，并提出合理化建议。在双方协商一致后，进行初步的场景搭建和动效测评。经过修改调整，征得对方同意后，完成 VR 角色动效测评任务，并交予主管及策划部门审定。根据审定意见进行修改，直至提供模型源文件，最后填写相关单据。

（4）任务分组

将学生分为 4～5 人一组，完成 VR 角色动效测评任务。组长填写表 3-16。

表 3-16

组别	工作任务：按照项目要求，在虚幻引擎中完成 VR 角色的动效测评
1	
2	
3	
4	

（5）工作准备

①每组根据工作任务书的需求，依次进行分析和探讨，填写并提交质量技术记录；

②了解该 VR 角色的历史背景和文化特点；

③结合项目任务书，剖析在引擎中可能遇到的难点和常见技术问题。

（6）引导问题

①如何在引擎中进行 VR 角色动效测评？

VR 角色动效测评旨在确保角色动画与玩家交互的自然性和流畅性，同时满足 VR 环境中的沉浸感和性能要求。具体步骤包括：首先导入角色与动画资源，确保资源能够顺利加载；其次搭建与角色背景相匹配的美术场景；最后在运行情况下测试角色动画的流畅度，确保动画平滑无卡顿或跳帧现象。

（7）工作计划与实施

每组学生须认真阅读策划书，根据策划书要求制定个人计划和方法。经小组集中讨论后，共同完成 VR 角色的动效测评。教师审查每个小组的计划（表3-17），并依次对每组进行指导调整。

表 3-17

序号	姓名	VR 角色	设计时间		备注
			场景搭建	动效测评	
1					
2					
3					

（8）评价反馈

每位学生的成绩评定通过学生自评、小组互评和教师评价三个阶段完成，其中综合评价结果由自评（20%）、小组互评（30%）与教师评价（50%）三部分按比例构成。

①学生完成自我评价，并将结果填入《学生自评表》（表 3-18）中。

表 3-18

学习情景 1		VR 角色动效测评			
序号	评价项目	评价标准	分值	得分
1	软件使用	能独立使用 UE5 游戏引擎	10	
2	工具操作	能熟练操作软件工具对角色进行塑造	10	
3	场景搭建	能熟练完成角色测评场景的搭建	20	
4	角色动效	角色动态无明显僵硬感，形象生动	10	
5	动效测评	VR 角色在引擎中与场景相匹配且体态动作流畅	10	
6	工作态度	态度端正，主动思考，积极推进工作	10	
7	工作质量	能按照要求建模，按计划完成工作任务	10	
8	协调能力	与小组成员、同学之间能合作交流，协调工作	5	
9	职业素质	积极主动查阅并借鉴相关资料	5	
10	创新意识	在模型动作与场景塑造上有创新点	10	
合计			100	

②学生以小组为单位，对角色建模设计的过程与结果进行互评，将互评结果填入《学生互评表》（表 3-19）中。

表 3-19

学习情景 1		VR 角色动效测评									
评价项目	分值	等级				评价对象（组别）					
计划安排	8	优	良	中	差	1	2	3	4	5	6
工具操作	8	优	良	中	差						
场景搭建	8	优	良	中	差						
角色动效	8	优	良	中	差						
动效测评	8	优	良	中	差						
工作态度	8	优	良	中	差						
工作质量	16	优	良	中	差						
协调能力	16	优	良	中	差						
职业素质	10	优	良	中	差						
创新意识	10	优	良	中	差						
合计	100										

③教师对工作过程和结果进行评价，并将评价结果填入《教师综合评价表》（表 3-20）中。

表 3-20

学习情景 1		VR 角色动效测评		
评价项目		评价标准	分值	得分
考勤（10%）		无无故迟到、早退、旷课现象	10	
工作过程（60%）	软件使用	能独立使用 UE5 游戏引擎	5	
	工具操作	能熟练操作软件工具对角色进行塑造	5	
	场景搭建	能熟练完成角色测评场景的搭建	5	
	角色动效	角色动态无明显僵硬，生动形象	5	
	动效测评	VR 角色在引擎中与场景相匹配且体态动作流畅	5	
	工作态度	态度端正，主动思考，积极推进工作	10	
	工作质量	能按照要求建模，按标准完成工作任务	5	
	协调能力	与小组成员、同学之间能合作交流，协调工作	5	
	职业素质	积极主动查阅并借鉴相关资料	5	
	创新意识	在模型动作与场景塑造上有创新点	10	
项目成果（30%）	工作规范	能按规范要求进行设计	10	

续表

学习情景 1		VR 角色动效测评			
评价项目		评价标准		分值	得分
项目成果 （30%）	设计效果	能正确识读策划书并按要求进行动效测评		10	
	成果展示	成果效果良好，具有完整性		10	
合计				100	
综合评价		自评 （20%）	小组互评 （30%）	教师评价 （50%）	综合得分
					综合得分

（9）学习提示

①创作思路：VR 角色动效测评需在引擎中制作，涉及美术场景搭建和骨骼动画导入。制作时需充分考虑场景画面效果与人物角色的适配度，优化角色动画以完成项目任务。

②工具运用：本项目旨在让学生掌握 UE5 游戏引擎的基础操作，以及骨骼动画在 VR 制作中的流畅性表现。需注意模型导入时皮肤材质的完整性、骨骼与动画的兼容性，以及场景内容与角色形象的匹配性。

③任务拆分：VR 角色动效测评项目可大致分为以下几个关键步骤（图 3-33）。

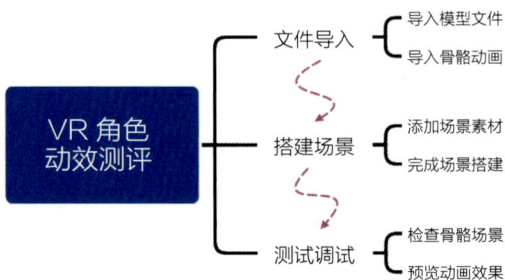

图 3-33　工作任务思维导图

（10）具体操作步骤

以下以该项目为例，演示 VR 角色动效测评的关键步骤。

①打开 UE5，新建关卡并更改关卡名称（图 3-34）。

②导入素材文件，新建文件夹并命名，将 FBX 文件及骨骼动画导入 UE5（图 3-35）。

③进入 Bridge 商城（图 3-36），选择与角色相符的场景素材并下载（图 3-37）。

④新建文件夹并命名，将下载的素材添加至当前新建项目中（图 3-38）。

图 3-34

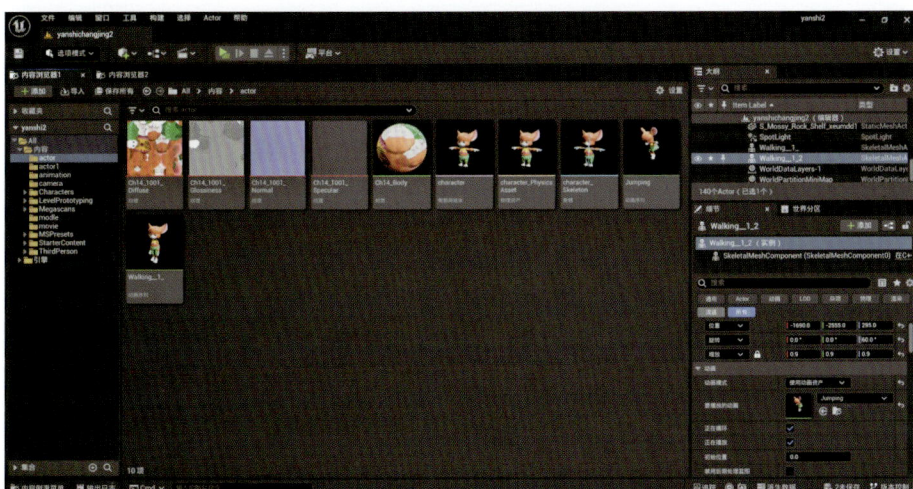

图 3-35

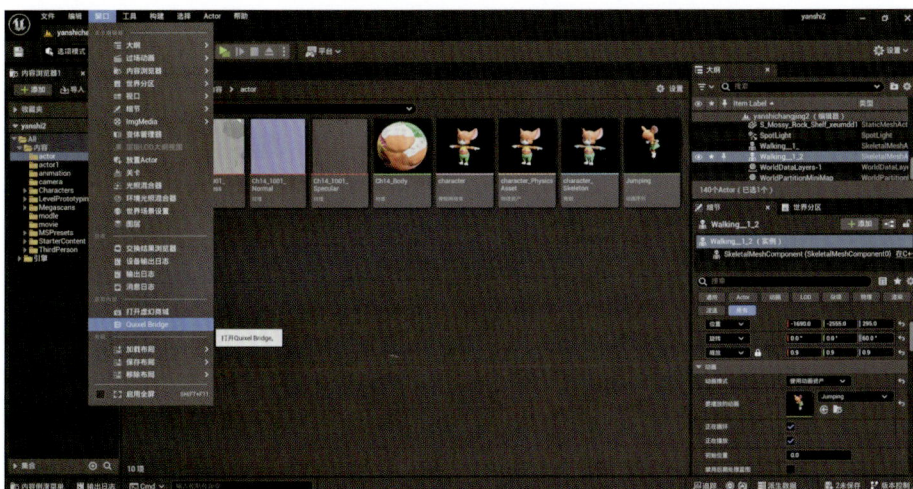

图 3-36

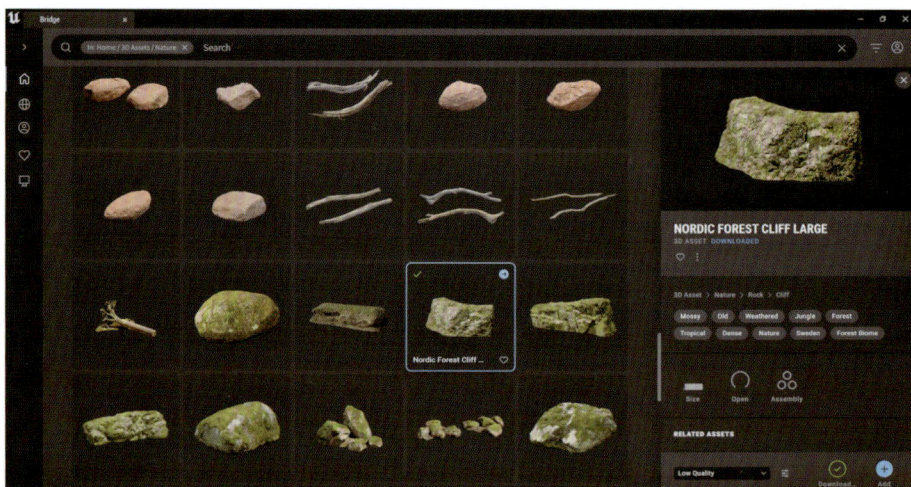

图 3-37

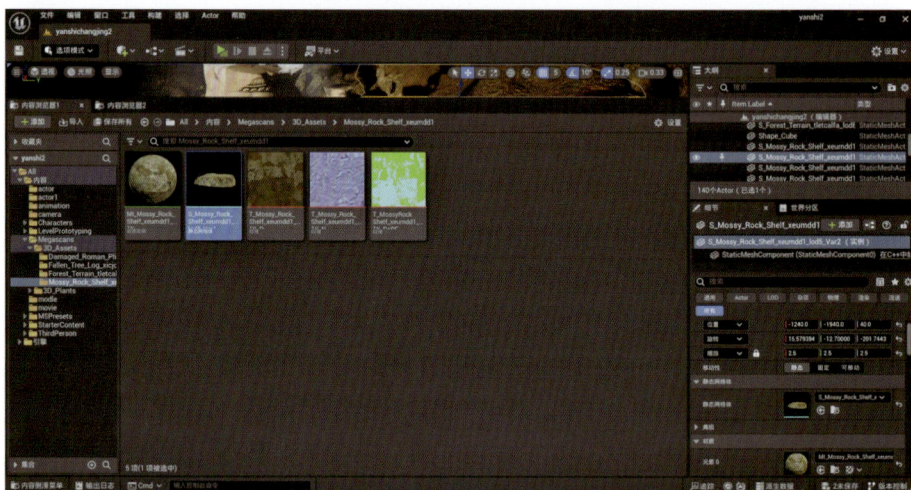

图 3-38

⑤组合下载的素材，完成项目书中要求的山洞场景搭建（图 3-39）。

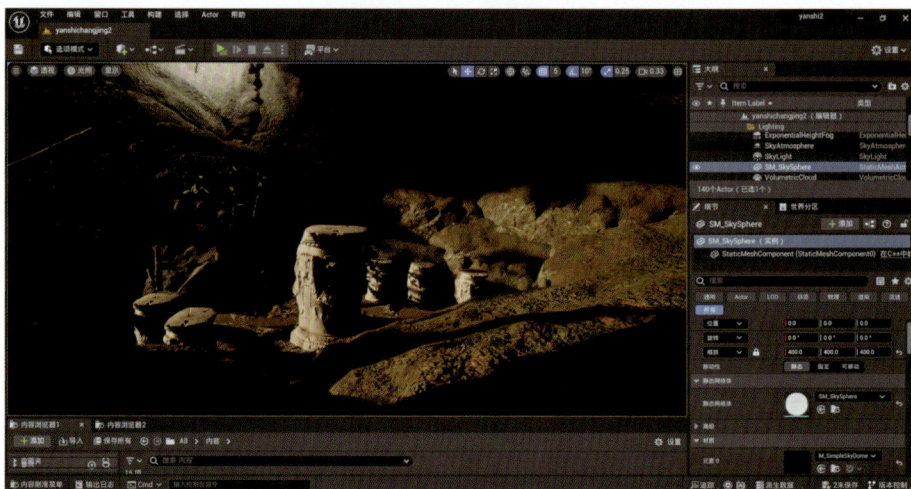

图 3-39

⑥将模型和动画拖入当前场景中（图 3-40）。

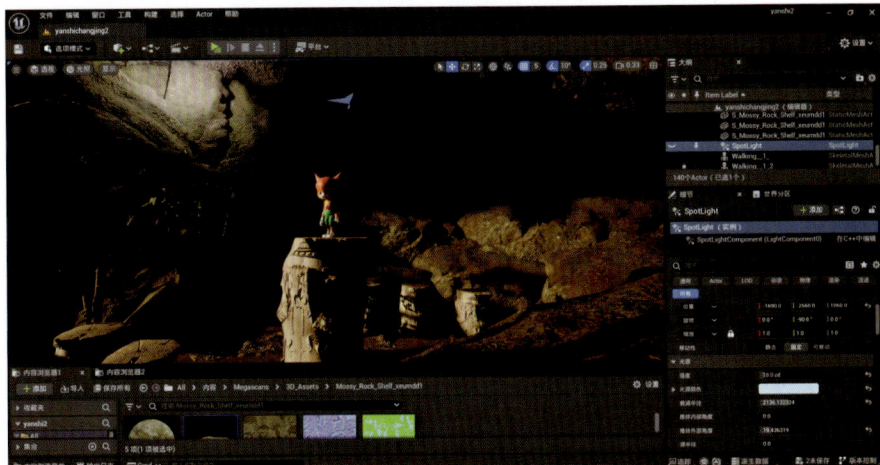

图 3-40

⑦修改光源，调整画面整体灯光效果（图 3-41）。

图 3-41

⑧预览播放，查看动画效果（图 3-42）。

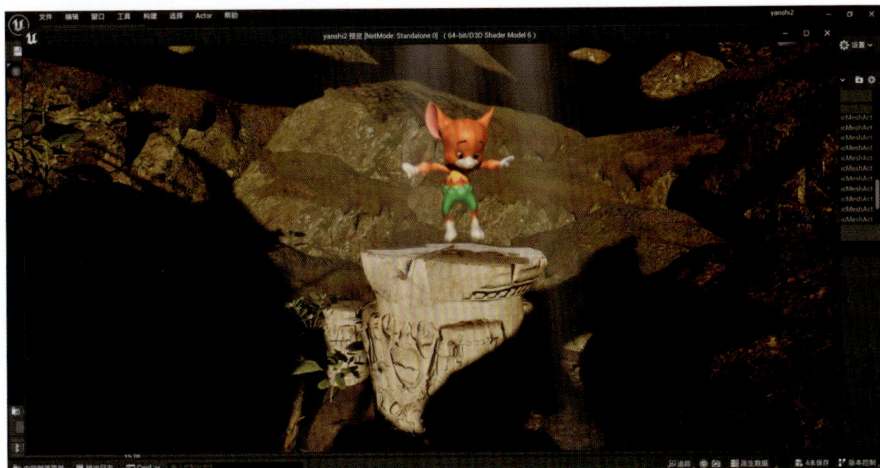

图 3-42

小结

导入骨骼动画至 UE5 时，需注意骨骼结构的一致性、动画播放的流畅度等。为在引擎中更好展现 VR 角色动画效果，应重视美术场景搭建及灯光效果调试，确保场景风格与角色风格相匹配，以产出更优质的 VR 作品。综合这些细节，可有效避免项目工作中出现的问题，提升 VR 角色的动效表现。

模块四 | 交互复原呈现

典型工作任务分析

能够使用计算机、数位板等工具，熟练运用 3ds Max、ZBrush 等三维建模软件，完成人物角色模型的创建；能够参照二维图像或三维模型，进一步优化模型，使其达到最终考核标准。

适用岗位

1. 3D 角色建模师：负责创建游戏、动画或影视中的角色模型，需熟悉建模软件，具备扎实的艺术基础和设计能力。

2. 角色艺术家：专注于角色的视觉设计，包括概念艺术、造型和细节处理，需具备良好的美术素养和创造力。

3. 动画师：在角色模型完成后，负责为其制作动画，需了解骨骼绑定和运动学原理，确保动作流畅自然。

4. 纹理艺术家：负责角色模型的纹理和材质制作，需掌握 UV 展开和纹理绘制工具，确保视觉效果出众。

5. 技术美术：在建模与引擎间架起桥梁，确保模型在游戏中的表现得到优化，需具备一定的编程基础和技术知识。

6. 游戏设计师：参与角色的设计与定位，需了解角色模型对游戏玩法和用户体验的影响。

各岗位相互配合，共同推动角色模型的开发与实现，为游戏或动画项目的成功奠定坚实基础。

职业能力

1. 能够运用新型测绘工具完成模型的数据采集；

2. 能够运用数位板和 AI 绘画软件对模型数据进行优化；

3. 能够熟练运用 ZBrush、3ds Max 等软件的常用操作功能与命令；

4. 能够熟练搭建符合角色文化背景的角色模型；

5. 能够使用至少两款平面位图处理软件进行贴图绘制；

6. 能够熟练操作独立的坐标拆解工具，拆解复杂道具与角色的贴图坐标，并使用位图处理软件对贴图和模型坐标进行匹配；

7. 能够根据项目验收标准调整 GPU 计算渲染方式和参数，了解美术资源在三维引擎中的属性特征；

8. 能够熟练操作 VR 脚本设计流程编辑器；

9. 能够根据 VR 脚本设计原理，完成石刻造像 VR 交互脚本方案流程的制作；

10. 能够根据 VR 交互动效设计原理，完成石刻造像 VR 交互动效的优化制作。

1+X 职业资格证书

虚拟现实应用设计与制作职业技能等级证书（中级）

任务 4.1　《父母恩重经》石刻造像 VR 角色复原建模渲染

（1）工作情景描述

依据虚拟现实应用设计与制作职业技能等级证书（中级）对应的标准，根据某虚拟现实数字化开发有限公司策划部下发的策划书要求，开展大足石刻《父母恩重经》石刻人物角色模型的复原建模工作。需掌握 VR 角色人物的创建方法、展 UV 方法、材质贴图渲染流程，并能将成果交付至下一环节进行进一步深化，即 VR 脚本设计。

（2）学习目标

通过本学习任务，学生应掌握 VR 角色复原建模的概念，了解石刻造像 VR 角色设定的特点（1+X 证书考核内容），掌握石刻造像模型数据采集及调优方法，掌握石刻造像模型制作及调优技巧（1+X 证书考核内容）。

（3）工作项目分析

大足石刻位于重庆市大足区，是一处享誉全球的古代石刻艺术遗址，始建于唐代，历经宋、元、明、清等多个朝代的发展，形成了规模宏大的雕刻群。该遗址涵盖了大量石刻造像，总数超过五万件。大足石刻以其精湛的雕刻技艺和生动的艺术表现力而闻名，尤其是"北山"和"南山"两大核心区域。雕刻中的佛像形态各异，神态栩栩如生，细节处理极为精致，展现了唐代至宋代石刻艺术的巅峰水平。作品中不仅有静态的造像，还有大量富有故事性的造像场景，生动展现了当时的社会生活风貌，反映了古代人们对信仰的虔诚追求和对美的不懈探索。通过这些精美的雕刻，人们不仅能够领略到古代艺术的独特魅力，还能深刻感受到其深厚的文化底蕴和历史传承。1999 年，大足石刻被联合国教科文组织列入世界文化遗产名录，成为全球文化遗产的重要组成部分。

本项目要求以大足石刻中的《父母恩重经》石刻为创作背景，对其进行三维扫描、数据处理、模型复原、材质创作、图像处理、场景渲染等设计工作，完成任务后进行测试检查，提交设计源文件，并交付至下一任务环节，即开始进行交互动效脚本设计。

（4）任务分组

将学生分为 4 ~ 5 人一组，完成角色模型调优升级的任务，组长须填写表 4-1。

表 4-1

组别	工作任务：按照项目要求，完成《父母恩重经》石刻造像 VR 角色复原建模渲染
1	
2	
3	
4	

（5）工作准备

①每组根据工作任务书的需求，依次进行分析和探讨，填写并提交质量技术记录；

②了解该石刻造像项目以及项目人物角色背后的历史背景和文化内涵；

③结合项目任务书，剖析角色模型创建的难点和常见技术问题；

④复习角色模型制作方法，根据项目要求设计并制作合理的角色模型；

⑤深入当地进行实地考察调研，亲身体验宋代《父母恩重经》石刻造像的魅力，探究其背后的历史及传统文化中"仁、孝、礼、智、信"的情感表达；

⑥学习红外线无人机扫描仪、多光谱照相机等采集设备的使用方法；

⑦分析宋代石刻造像特征，提炼其人文文化内涵，思考人物造像材质贴图和渲染的呈现效果。

（6）引导问题

① VR 角色模型建模的步骤是什么？

前期准备阶段：确定角色的风格、主题和特点。需考虑角色的外貌、性格、职业等因素，为建模提供明确方向。可通过手绘草图、参考其他作品或收集图片等方式形成角色的初步概念；

收集参考资料阶段：寻找与角色相关的图像、照片、艺术品等参考资料，以便更好地理解角色的形态、纹理和细节；

创建基础模型阶段：从简单的几何形状开始，如球体、立方体等，逐步构建角色的大致形状。可使用软件中的基本建模工具，如拉伸、挤压、旋转等，来塑造角色的身体、头部、四肢等部位；

细化模型阶段：在基础模型的基础上，进一步添加细节，如面部特征、服装褶皱、饰品等。可使用雕刻工具、多边形建模工具等，对模型进行精细调整和雕刻，确保模型的拓扑结构合理，以便后续动画和渲染顺利进行。

②如何用 VR 角色材质贴图和渲染技术复原呈现《父母恩重经》石刻人物形象？

创建基础模型：利用三维建模软件（如 3ds Max、Maya、Blender 等），根据采集到的数据开始创建石刻人物的基础模型。从简单的几何形状开始搭建，逐步细化，确保模型的比例和形态尽可能准确地还原石刻造像。如孕妇的体态、接生婆的动作姿态等，均需按照石刻上的样子进行塑造；

材质贴图制作：对石刻人物的表面纹理进行细致观察和分析，通过拍照、扫描等方式获取石刻的纹理信息。使用图像处理软件（如 Photoshop 等）对采集到的纹理图片进行处理，去除杂质、调整颜色和对比度等，使其更适合作为材质贴图使用；

UV 展开：将创建好的三维模型进行 UV 展开，即将模型的表面展开成一个平面，以便将材质贴图正确地映射到模型上。在展开 UV 时，需尽量减少拉伸和变形，保证材质贴图效果自然。可使用专业的 UV 展开软件（如 Unfold3D、UVLayout 等）进行此操作。

（7）工作计划与实施

每组学生须认真阅读策划书，根据策划书的要求制定个人计划和方法，并搜集相关图片作为角色建模的参考素材。经小组集中搜集、讨论后，完成角色的创建与渲染输出。教师审查每个小组的方法计划（表 4-2），并依次对每组进行指导调整。

表 4-2

序号	姓名	名称	设计时间		备注
			建模	渲染	
1		父亲模型			
2		母亲模型			
3		青年模型			

（8）评价反馈

本课程的考核评价方式打破了原有以终结性考试成绩为主的教学评价模式，该模式建立在学科教学体系上。现结合"岗、课、赛、证"的考核要求，利用大数据监测与评估平台，从双师评价、自我评价、VRP 云评价等角度对学生考核进行全过程多重画像，多维度收集评价信息。同时，结合"学中做，做中学"的行为信息，构建可视化图表，直接反映学生学习表现。注重过程性考核与结果性考核相结合，关注学生个体差异，探索增值评价。

按照"模型质量、贴图质量、脚本质量、UI 质量、交互效果、输出测试、文化融入、企业评价"八维评价指标进行量化考核,采用"学习状态 + 学生作品"双重画像,构建立体化综合评价体系。旨在既强调学生的学习态度,又注重其对项目过程的参与度,以及自身能力的提升程度,真正使学生从生手成长为熟手、能手、巧手、匠才。

①考核框架:考核评价占比(见考核评价占比表 4-3)

表 4-3

考核内容			考核主体	权重
过程评价	课前	任务点完成情况	双师评价 自我评价 生生互评 VRP 云平台评价	10%
	课中	知识、技能点完成情况		30%
		技能掌握情况		
		课堂表现		
		团队协作		
		自主学习能力		
		任务点完成情况		
	课后	课后作业情况		20%
		任务点完成情况		
小计				60%
增值评价	岗位能力 职业精神 人文底蕴 社会价值		双师评价 自我评价 生生互评 VRP 云平台评价	5% 5% 5% 5%
小计				20%
结果评价	数字媒体制作作品		双师评价 自我评价 生生互评 VRP 云平台评价	20%
小计				20%

②考核指标细化:评价考核表(表 4-4)

表 4-4

考核内容			考核主体	权重
过程评价	课前	任务点完成情况: 1. 完成 VRP 云平台测试; 2. 完成模型制作与调优; 课前测试得分按 100% 计算,100% 计 10 分,80%—99% 计 8 分,60%—79% 计 5 分,60 分以下计 1 分。		10%

考核内容			考核主体	权重
过程评价	课中	技能掌握情况： 1. 能掌握测绘新技术对模型的数据采集； 2. 能理解不同工具对建模调优的影响； 3. 能掌握 VR 角色创建三维模型方法； 4. 能掌握常用的 VR 角色建模调优方法。（1+X 证书考点） 课堂表现： 按时出勤计 5 分，迟到早退 15 分钟以内计 3 分，缺勤计 0 分； 积极回答问题计 5 分，回答内容合理计 7 分； 随堂测验得分按 100% 计算，100% 计 10 分，80% ~ 99% 计 8 分，60% ~ 79% 计 5 分，60 分以下计 1 分； 团队协作、小组自评占 20%，小组互评占 40%，企业、专任教师综合评价占 40%，总分为 15 分。	双师评价 自我评价 生生互评 VRP 云平台评价	30%
	课后	任务点完成情况： 1. 能掌握 VR 角色模型制作； 2. 能拓展 VR 角色模型优化。 课后作业情况： 以小组为单位，6 人为一小组，完成脚本作业，并上传至 VRP 云平台，并完成在 VRP 云平台布置的课后习题。得分以 100% 计，100% 计 10 分，80% ~ 99% 计 8 分，60% ~ 79% 计 5 分，60 分以下计 1 分。		20%
增值评价		岗位能力： 1. 能够运用测绘新工具完成模型的数据采集； 2. 能够运用数位板和 AI 绘画软件完成模型的数据优化； 3. 能够运用 3ds Max 等软件的常用操作功能与命令； 4. 能熟练搭建角色模型，符合角色所处的文化背景。	双师评价 自我评价 生生互评 VRP 云平台评价	5%
		职业精神：通过对标企业项目验收标准，进行《父母恩重经》石刻 VR 模型制作与优化，具备以文化人的工匠精神和刻苦研学的劳动态度，对项目负责，增强职业荣誉感。		5%

续表

	考核内容	考核主体	权重
增值评价	人文底蕴：通过资料查阅并分析《父母恩重经》石刻造像人物故事内涵，提升中华文化人文素养。	双师评价 自我评价 生生互评 VRP 云平台评价	5%
	社会价值：通过《父母恩重经》石刻造像的模型塑造，用造型艺术守正创新，践行传承中华优秀传统文化。		5%
结果评价	以小组为单位，6 人为一小组，设计《父母恩重经》VR 造像建模调优的流程方案。		20%

（9）学习提示

①创作思路

本课程倡导自主学习、探索学习与合作学习，通过"临境初探""入境导学""融境析理""沉浸演训""悟境展评""拓境创优"六部教学法，旨在让学生掌握 VR 造像建模渲染技术。

②工具运用

在创建 VR 角色时，首先需利用 Blender 或 ZBrush 等三维建模软件进行角色的初步设计与建模。借助多边形建模、雕刻工具及贴图绘制等功能，构建出复杂的角色形状与细节。随后，为角色设置骨骼系统，赋予其动画能力，并通过权重绘制确保每个关节在动画过程中的变形自然流畅。角色建模完成后，使用 Substance Painter 等纹理绘制软件为角色赋予细致的材质与纹理效果，使角色更加生动真实，同时提升视觉效果。材质设置包括反射、粗糙度等参数的调整，以确保角色在虚拟环境中呈现出良好的光照反应。

③任务拆分

VR 角色复原的建模渲染可分为以下几个关键步骤（图 4-1）。

（10）具体操作步骤

以下以工作任务为例，演示《父母恩重经》石刻造像 VR 角色复原建模渲染的关键步骤。

①创建人物大形：使用 ZSphere 工具创建人物的基础骨架，然后转换为网格，初步雕刻出头部、躯干和四肢的基本形状（图 4-2）。

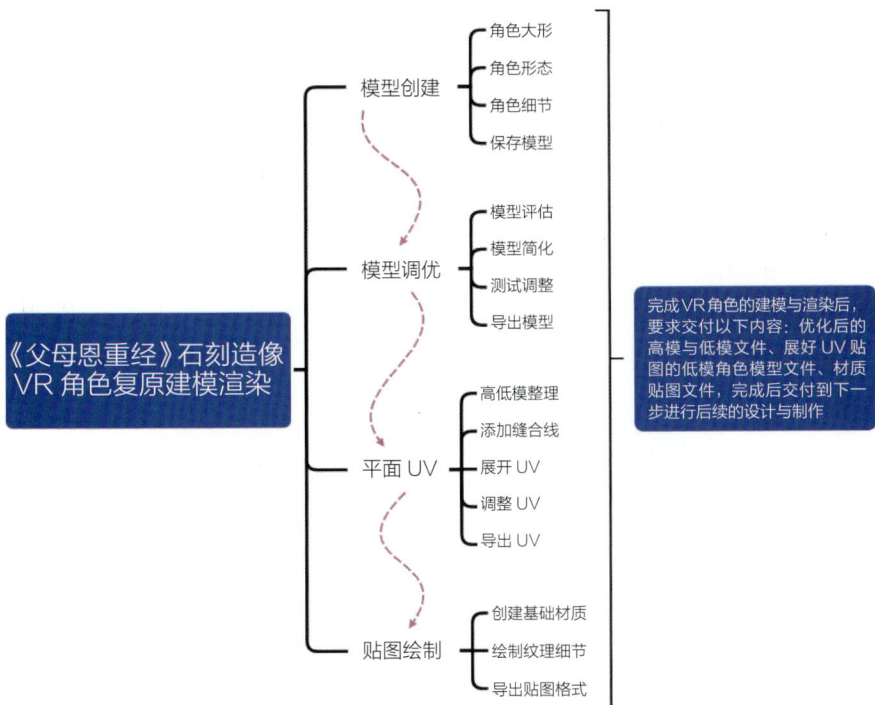

图 4-1　工作任务思维导图

图中文字：

模型创建
- 角色大形
- 角色形态
- 角色细节
- 保存模型

模型调优
- 模型评估
- 模型简化
- 测试调整
- 导出模型

平面 UV
- 高低模整理
- 添加缝合线
- 展开 UV
- 调整 UV
- 导出 UV

贴图绘制
- 创建基础材质
- 绘制纹理细节
- 导出贴图格式

《父母恩重经》石刻造像 VR 角色复原建模渲染

完成 VR 角色的建模与渲染后，要求交付以下内容：优化后的高模与低模文件、展好 UV 贴图的低模角色模型文件、材质贴图文件，完成后交付到下一步进行后续的设计与制作

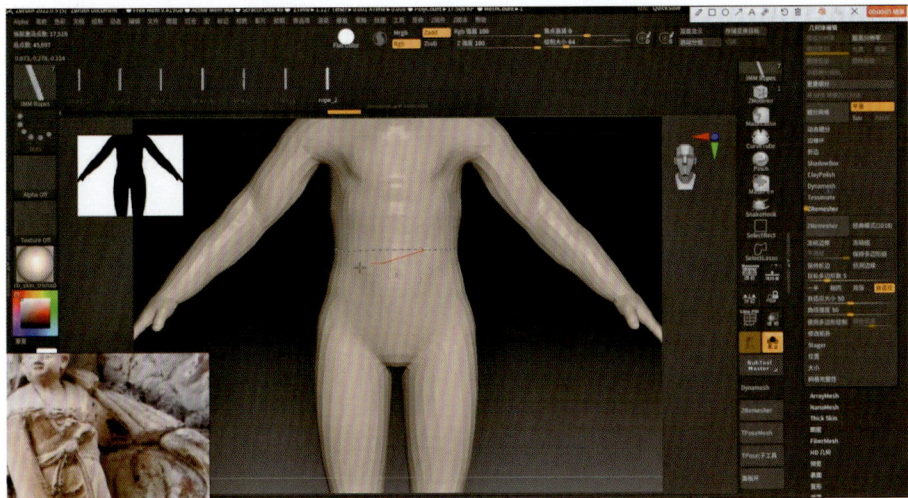

图 4-2

②调整人物形态：增添几何形体，为角色创建服饰（图 4-3）。

③使用雕刻笔刷为模型的五官、服饰等添加细节效果，增加模型的复杂性和层次感（图 4-4）。

④对创建好的模型进行检查，确保拓扑合理，面部特征和身体比例自然，导出优化后的模型文件（图 4-5）。以同样的方式完成父亲像（图 4-6）和母亲像的创建（图 4-7）。

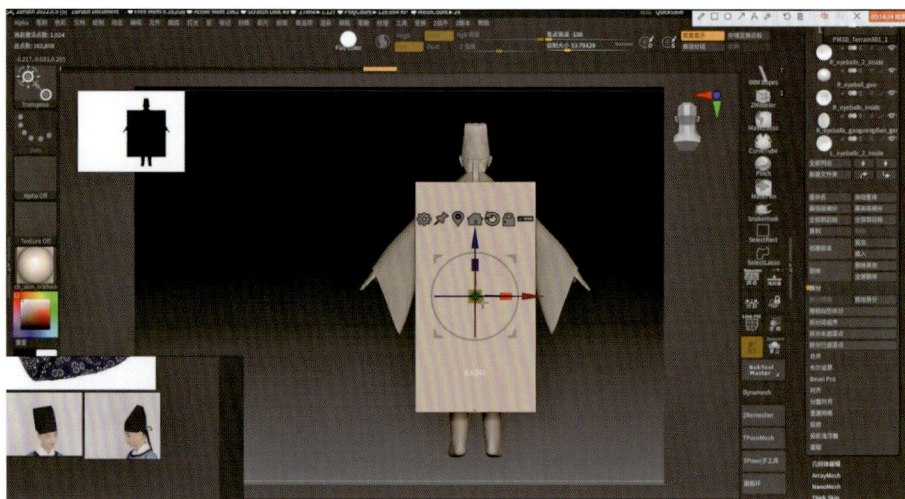

图 4-3

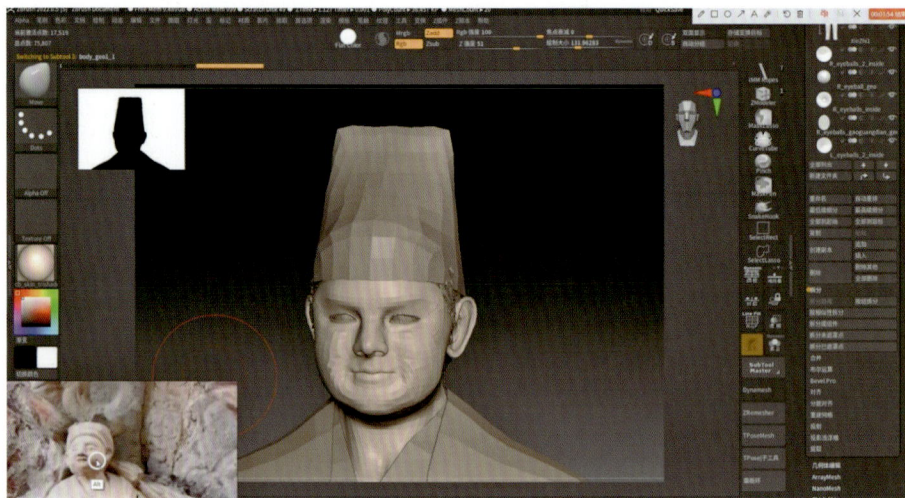

图 4-4

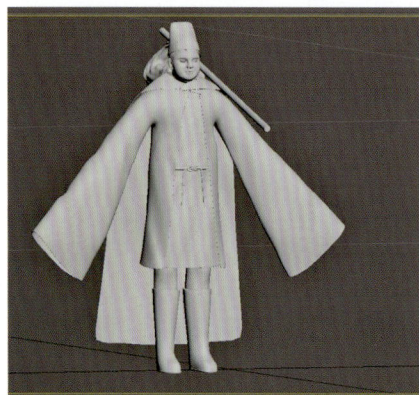

图 4-5

图 4-6

图 4-7

⑤在 RizomUV 中导入母亲像模型文件（图 4-8）。

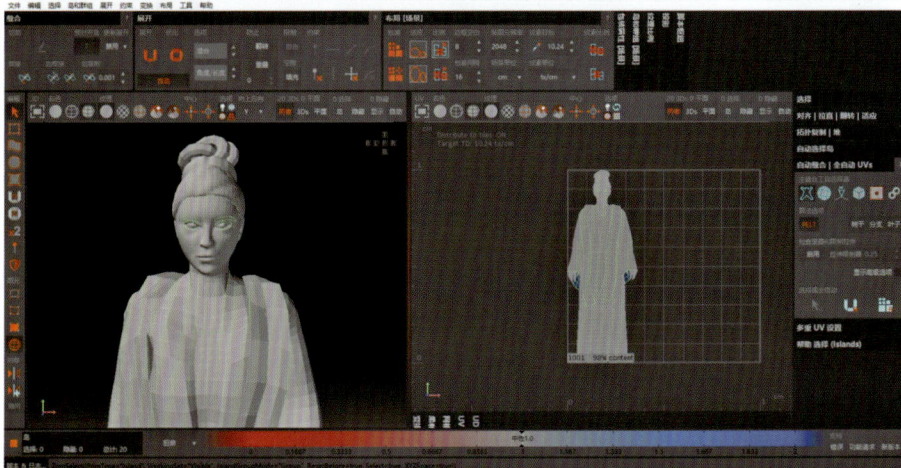

图 4-8

⑥选择体模式，被选中的模型表面呈现橙色，按下快捷键 I 孤立选中对象，对当前孤立对象展开 UV（图 4-9）。

⑦切换为线条选择模式，选中一根线条后按住 Shift 键，将接缝线首尾相连，按下快捷键 C 或使用工具中的 Cut 进行切割，切割后的线条为橙色（图 4-10）。

⑧将展好的贴图展开并在网格中排列整齐（图 4-11）。

⑨将展好 UV 的文件导入 Substance Painter 中，将贴图的分辨率设置为 2K 尺寸（图 4-12）。

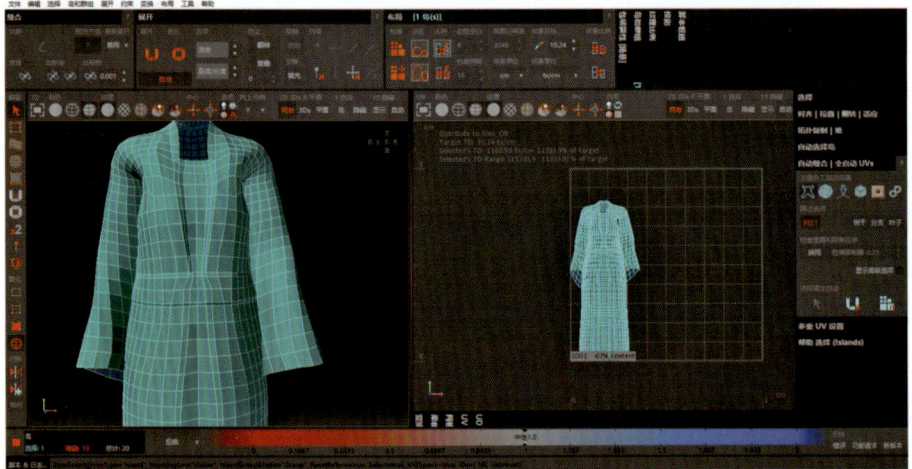

图 4-9

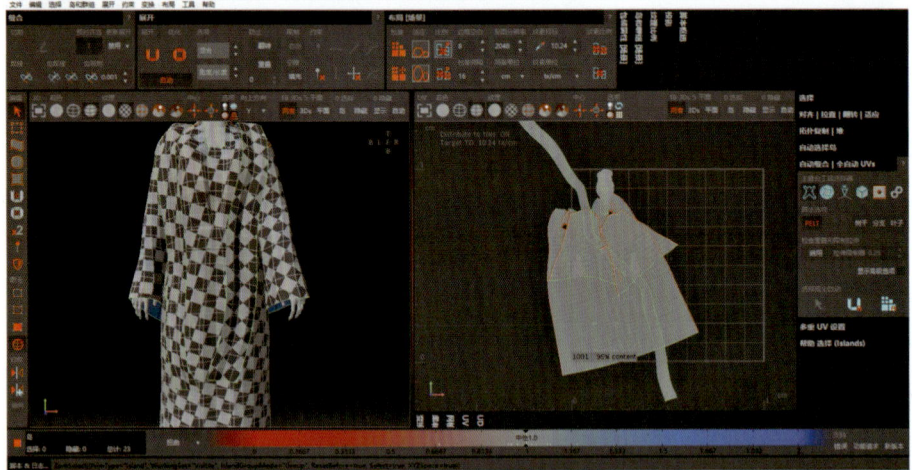

图 4-10

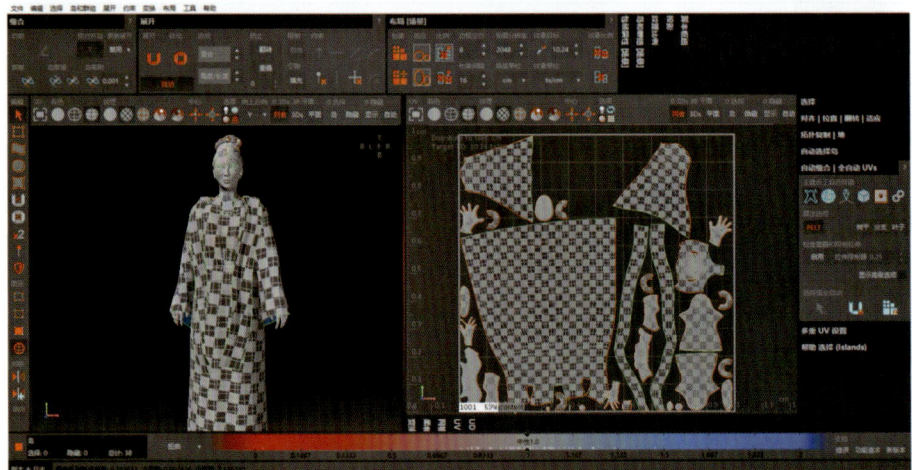

图 4-11

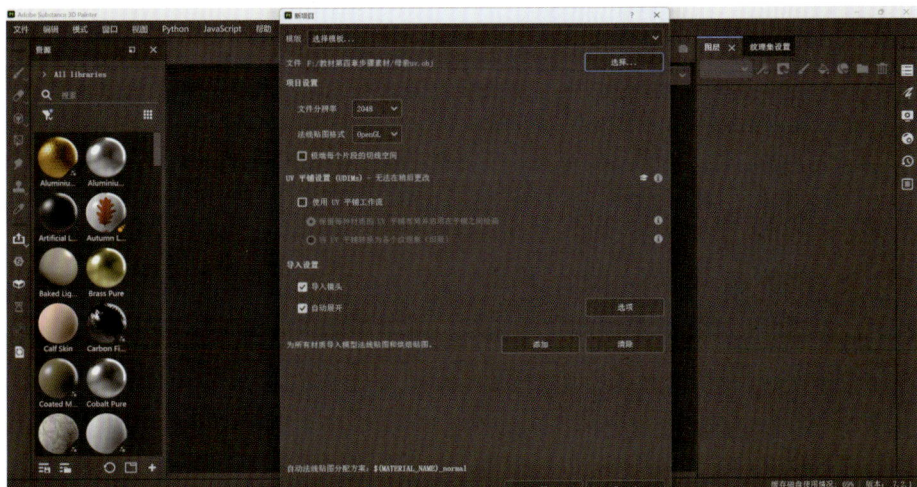

图 4-12

⑩设置基础参数后，烘焙高模纹理效果（图 4-13）。

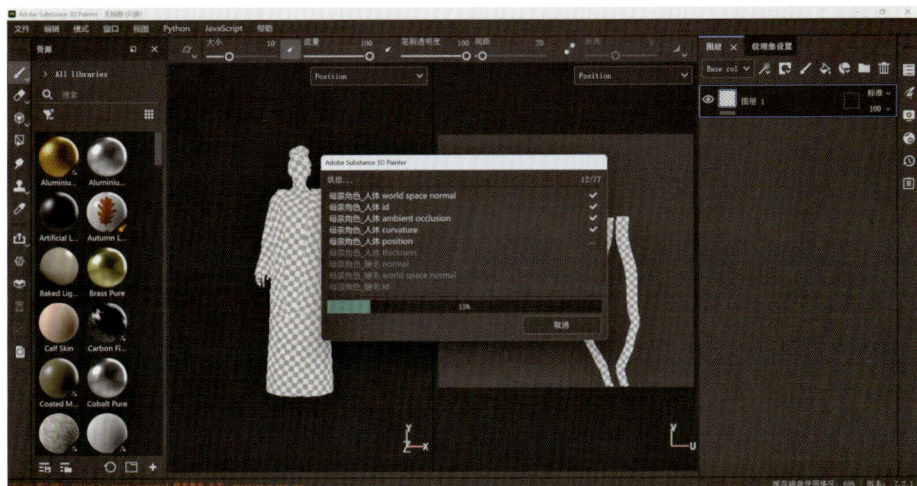

图 4-13

⑪创建基础材质，添加基础填充层以及角色模型的细节效果，完成贴图效果的绘制，青年像和父亲像也采用同样的方式完成材质贴图的制作（图 4-14）。

图 4-14

小结

将宋代石刻建模渲染融入教学中，以项目引领文化育人。建立学习共同体，开展小组合作学习，激发学生学习兴趣。学生在学中做、做中学，挖掘传统文化的内涵和价值，格物致知，将中华石刻文化与数字文化相融合，实现"课程承载思政"与"思政寓于课程"的有机统一，二者相得益彰。

任务 4.2　《父母恩重经》石刻造像 VR 角色交互动效脚本设计

（1）工作情景描述

根据虚拟现实应用设计与制作职业技能等级证书（中级）对应的标准，依据某虚拟现实数字化开发有限公司策划部下发的策划书要求，开展大足石刻《父母恩重经》角色模型的交互动效脚本设计。需掌握 VR 角色人物的交互脚本设计方法，并能将成果交付至下一环节，以进一步深化并进行 VR 角色的交互动效制作。

（2）学习目标

①素质目标：通过分析《父母恩重经》石刻造像脚本，鉴赏世界文化遗产的历史魅力，树立民族自豪感；小组合作制定《父母恩重经》石刻造像虚拟展示方案，分工协作完成脚本优化任务，锻炼分析问题和解决问题的能力，培养集体意识和团队合作精神；对照 1+X 证书考点及脚本设计岗位技能要求，进行《父母恩重经》石刻造像 VR 脚本解析，秉承精益求精的工匠精神和勤恳刻苦的劳动精神；通过引擎图形编辑器、流程编辑器的使用，具备用新技术传承和展现石刻艺术美的数字素养和创新意识；对照企业项目验收标准，优化《父母恩重经》石刻造像 VR 脚本，强化精益求精的工匠精神和勤恳努力的劳动精神，在设计过程中增强职业荣誉感。

②知识目标：理解 VR 交互动效脚本的概念及其运用（包括功能列表与分镜脚本）；掌握《父母恩重经》石刻造像 VR 交互动效脚本制作的特点（1+X证书考核内容）；能够辨析《父母恩重经》石刻造像 VR 交互动效脚本制作与优化的原理（1+X 证书考核内容）；掌握脚本设计引擎图形编辑器、流程编辑器的概念与使用（1+X 证书考核内容）；能够评价《父母恩重经》石刻造像VR 交互动效脚本制作的优缺点（1+X 证书考核内容）；能够判断《父母恩重经》石刻造像 VR 交互动效脚本制作中交互动效的原理及 VR 指令添加的原理。

③能力目标：能够根据《父母恩重经》石刻造像 VR 交互动效脚本的动作

和效果特征，制定动作命令与交互动效脚本效果方案；能够领悟 VR 交互动效脚本的运用；能够结合企业《项目验收标准》，完成父母恩重经石刻造像 VR 交互动效脚本设计；能够熟练操作脚本设计引擎和图形编辑器、流程编辑器。

（3）工作项目分析

本项目要求以大足石刻《父母恩重经》为创作背景，在前期完成《父母恩重经》人物造像模型制作的基础上，进行脚本设计，提交设计源文件，并交付至下一任务环节，开始进行交互动效脚本制作。

（4）任务分组

将学生分为 4～5 人一组，完成 VR 角色交互动效脚本设计，组长填写表 4-5。

表 4-5

组别	工作任务：按照项目要求，完成《父母恩重经》石刻造像 VR 角色交互动效脚本设计
1	
2	
3	
4	

（5）工作准备

①每组根据工作任务书的要求，依次进行分析和讨论，填写并提交质量技术记录；

②了解石刻造像项目以及项目人物角色背后的历史背景和文化意蕴；

③结合项目任务书，分析角色模型脚本创建的难点和常见的技术问题；

④深入当地进行考察调研，亲身感受宋代《父母恩重经》石刻造像的魅力，探究其背后的历史及传统文化中"仁、孝、礼、智、信"的情感表达。

（6）引导问题

① VR 角色模型脚本的概念是什么？

交互动效脚本在交互式应用程序中，是指控制用户与虚拟环境之间交互行为及其对应效果的一组代码或指令。其核心概念包括：用户交互、事件驱动、动画控制等。交互动效脚本是构建动态、互动虚拟体验的关键，通过代码实现用户与数字内容的互动，增强体验的趣味性和参与性。

②如何用 VR 脚本技术复原呈现《父母恩重经》石刻人物动作定格瞬间？

动画与交互：定格瞬间可通过在脚本中设置动画实现，使人物在关键时刻产生"定格"效果，如特定手势或面部表情变化的瞬间；

用户交互：通过脚本允许用户与石刻互动，如触摸、旋转、观察等；

脚本编写：事件触发——编写脚本，设置用户与模型交互时触发的事件，如声音提示、信息展示或动画播放；时间控制——添加时间轴控制，逐步展示石刻的变化过程，最后停留在定格瞬间。

③思考《父母恩重经》石刻人物 VR 交互动效脚本制作流程是什么？

为确保《父母恩重经》石刻人物 VR 项目在虚拟环境中准确传达相关内容和情感，需经历以下步骤：需求分析、场景设计、三维模型与环境设计、脚本编写、音效设计、测试与优化、发布与维护。

需求分析：深入理解《父母恩重经》的主题、核心内容及作品传达的情感；确定目标受众，以设计适合的互动体验。

场景设计：规划各场景布局和互动元素，根据需求设计用户在每个场景中的互动方式，如选择、触摸、观察等。

三维模型与环境设计：模型创建——对《父母恩重经》中的父亲、母亲、少年进行角色模型创建，以及相关场景内容的创建；环境搭建——构建与《父母恩重经》相关的虚拟场景，如室外场景拜别时的凉亭等，增加细节和氛围效果。

脚本编写：互动音效脚本——为父亲、母亲、少年三个人物造像编写动作脚本，设置对象动画效果，定义交互事件，为用户操作添加触发设置以引发相应的音效、动画或信息展示。

（7）工作计划与实施

每组学生须认真阅读策划书，依据策划书要求制定个人计划，收集 VR 交互动效脚本相关资料，并优化为 PPT。小组集中搜集资料并讨论后，完成 PPT 的制作。教师审查每个小组的计划（表 4-6），并逐一进行指导与调整。

表 4-6

序号	姓名	角色名称	设计时间		备注
			模型	脚本	
1					
2					
3					

（8）评价反馈

该考核评价方式打破了原有以终结性考试成绩为主的教学评价模式，该模式原建立在学科教学体系上。现结合"岗、课、赛、证"的考核要求，利用大数据监测与评估平台，从双师评价、自我评价、VRP云评价等多个角度对学生考核进行全过程画像，多维度收集评价信息。结合"学中做，做中学"的行为信息，构建可视化图表，直接反映学生学习表现。注重过程性考核与结果性考核相结合，关注学生个体差异，探索增值评价。

按照"模型质量、贴图质量、脚本质量、UI质量、交互效果、输出测试、文化融入、企业评价"八维评价指标进行量化考核，采用"学习状态+学生作品"双重画像，构建立体化综合评价体系。旨在使学生从生手成长为熟手、能手、巧手、匠才，既强调学生的学习态度，又注重其对项目过程的参与度及自身能力的提升。

①考核框架：考核评价占比（见考核评价占比表4-7）

表 4-7

考核内容			考核主体	权重
过程评价	课前	任务点完成情况	双师评价 自我评价 生生互评 VRP 云平台评价	10%
	课中	知识、技能点完成情况		30%
		技能掌握情况		
		课堂表现		
		团队协作		
		自主学习能力		
		任务点完成情况		
	课后	课后作业情况		20%
		任务点完成情况		
小计				60%
增值评价	岗位能力 职业精神 人文底蕴 社会价值		双师评价 自我评价 生生互评 VRP 云平台评价	5%
				5%
				5%
				5%
小计				20%
结果评价	数字媒体制作作品		双师评价 自我评价 生生互评 VRP 云平台评价	20%
小计				20%

②考核指标细化（见 VR 交互动效脚本设计评价考核表 4-8）

表 4-8

考核内容			考核主体	权重
过程评价	课前	任务点完成情况： 1. 完成 VRP 云平台测试； 2. 完成 UI 基础脚本设计制作； 课前测试得分按 100% 计算，100% 计 10 分，80%～99% 计 8 分，60%～79% 计 5 分，60 分以下计 1 分。	双师评价 自我评价 生生互评 VRP 云平台评价	10%
	课中	技能掌握情况： 1. 能理解 VR 脚本的概念以及 VR 脚本运用的重要作用。（1+X 证书考点） 2. 能理解不同流程效果对交互动效脚本呈现效果的影响； 3. 能掌握 VR 脚本原理，总结归纳 VR 脚本规律； 4. 能掌握常用的 VR 脚本编辑流程器方法。（1+X 证书考点）		30%
	课后	任务点完成情况： 1. 能掌握 VR 脚本制作呈现； 2. 能拓展 VR 脚本设计应用。		
		课后作业情况： 以小组为单位，6 人为一小组，完成脚本作业，并上传至 VRP 云平台，并完成在 VRP 云平台布置的课后习题。得分以 100% 计，100% 计 10 分，80%～99% 计 8 分，60%～79% 计 5 分，60 分以下计 1 分。		20%
增值评价		岗位能力： 1. 能使用 VRP 3D Engine、VR 软件制作脚本设计； 2. 能熟练操作 VR 脚本设计流程编辑器、脚本设计表现能力； 3. 能根据 VR 脚本设计原理，完成《父母恩重经》石刻造像 VR 交互脚本方案流程制作。	双师评价 自我评价 生生互评 VRP 云平台评价	5%
		职业精神：通过对标企业项目验收标准，进行《父母恩重经》石刻 VR 模型制作与优化，具备以文化人的工匠精神和刻苦钻研的劳动态度，对项目负责，增强职业荣誉感。		5%

续表

考核内容		考核主体	权重
增值评价	人文底蕴：通过资料查阅并分析《父母恩重经》石刻造像人物故事内涵，提升中华文化人文素养。	双师评价 自我评价 生生互评 VRP 云平台评价	5%
	社会价值：通过《父母恩重经》石刻造像的模型塑造，用造型艺术守正创新，践行传承中华优秀传统文化。		5%
结果评价	以小组为单位，6 人为一小组，设计《父母恩重经》VR 造像建模调优的流程方案。		20%

（9）学习提示

①创作思路

本课程倡导自主学习、探索学习、合作学习的方式，通过"临境初探""入境导学""融境析理""沉浸演训""悟境展评""拓境创优"六部教学法，助力学生掌握 VR 交互动效脚本设计的精髓。

②工具运用

该项目依托 VRP 3D Engine 图形编辑器，进行 VR 脚本的设计与制作，以实现交互动效脚本的预期效果。

③任务拆分

VR 角色交互动效脚本设计可细分为以下几个关键步骤（图 4-15）。

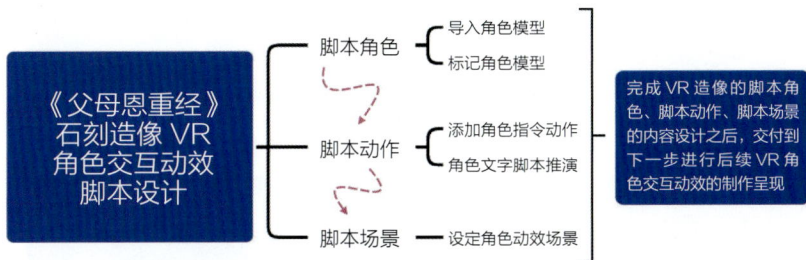

图 4-15　工作任务思维导图

（10）具体操作步骤

接下来，以实际工作项目为例，演示 VR 角色交互动效脚本的设计流程。

①在角色造像模型创建和材质绘制工作完成后，接下来着手进行 VR 脚本的制作。首先，打开"石魂少年"APP 应用平台（图 4-16）。

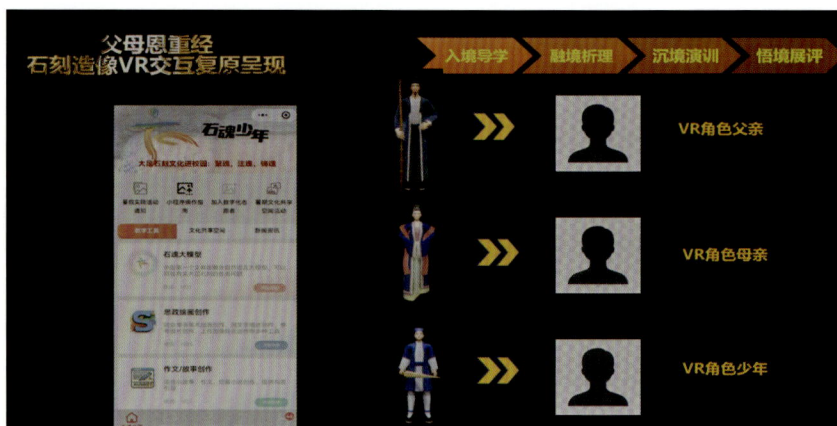

图 4-16 "石魂少年"APP 应用平台

②在"石魂少年"APP中，反复输入文字指令，如"石刻 VR 角色父亲"（见图 4-17 角色父亲）、"石刻 VR 角色母亲"（见图 4-18 角色母亲）、"石刻 VR 角色少年"（见图 4-19 角色少年）或角色造型特点等关键词，这些文字指令统称为 VR 脚本（见图 4-20 VR 脚本）。

图 4-17 角色父亲

图 4-18 角色母亲

图 4-19　角色少年

图 4-20　VR 脚本

　　③进一步丰富 VR 脚本内容。遵循脚本制作原理，即从基本动效到交互动效的制作逻辑，添加 3Plus 元素：a.1Plus 脚本角色、b.2Plus 脚本动作、c.3Plus 脚本场景。通过 3Plus 完成文字脚本的设计，进而生成脚本镜头（见图 4-21 3Plus）。

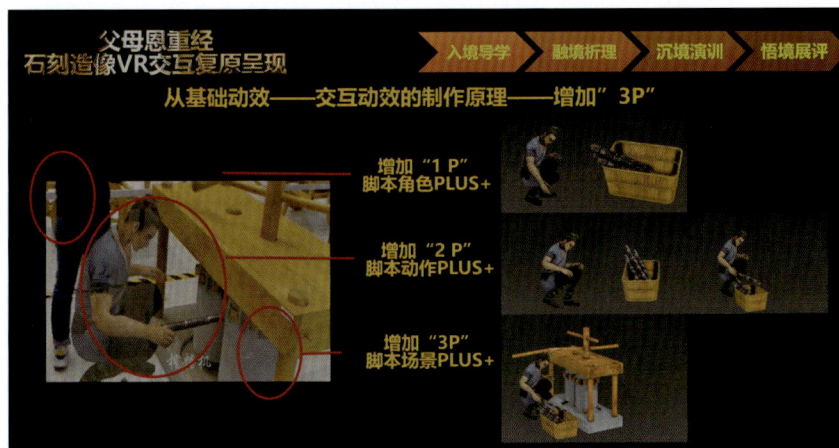

图 4-21　3Plus

④从 VRP 云平台项目库中导入角色模型，并进行标记，如：VR 角色父亲（A）、VR 角色母亲（B）、VR 角色少年（C）（见图 4-22 角色标记）。

图 4-22　角色标记图

⑤添加 VR 单句，描述谁在做什么动作，语句形式为"谁，在（动作）"。据此得到三个石刻 VR 角色的单人动作，如：父亲 A（拉扯）、母亲 B（转头）、少年 C（拜别）（见图 4-23 单人角色交互动效脚本）。

图 4-23　单人角色交互动效脚本图

⑥在 VR 单句的基础上，继续添加双句，语句形式为"谁，在（动作）+ 谁，在（动作）"，如：父亲（A）在（拉扯）+ 母亲（B）在回头。至此，完成石刻 VR 角色两人交互动效脚本设计（见图 4-24 两人角色交互动效脚本）。

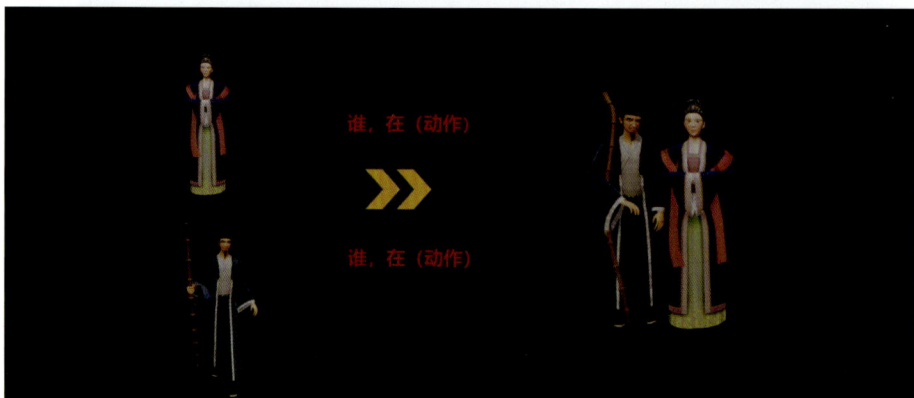

图 4-24　两人角色交互动效脚本图

⑦持续添加单句形成复句，语句形式为"谁，在（动作）+谁，在（动作）+谁，在（动作）"，如：父亲（A），在（拉扯）+母亲（B），在（回头）+少年（C），在（拜别）。实现石刻VR角色三人的增强交互动效脚本设计（见图4-25三人脚本设计）。

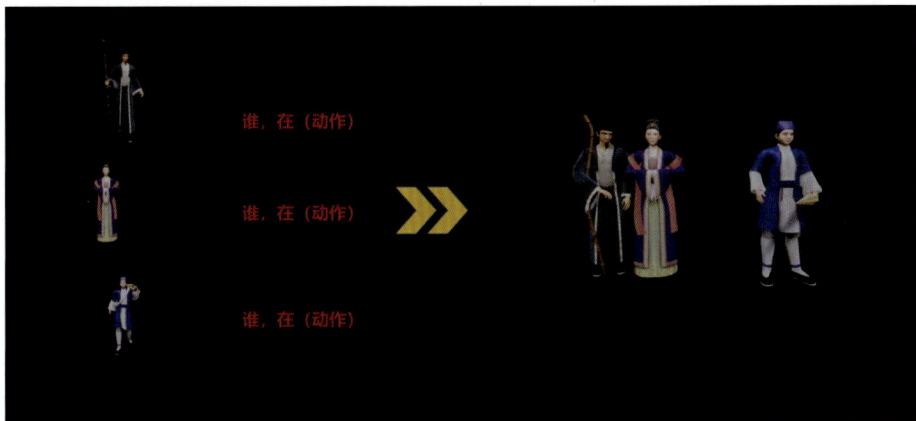

图4-25　三人脚本设计图

⑧通过文字推演，从单句、双句到复句，从基础动效脚本到交互动效脚本再到增强交互脚本，逐步生成VR脚本动效图，并持续优化直至完成VR动效制作（见图4-26 VR动效脚本演变）。

图4-26　VR动效脚本演变图

小结

本工作项目与专业紧密结合，旨在讲好中国故事，传递本土文化，坚持统一性与多样性相结合。通过《父母恩重经》石刻造像VR交互虚拟呈现项目任务，助力学生实现从熟手到能手、巧手乃至匠才的转变。

任务 4.3 《父母恩重经》石刻造像 VR 交互动效制作呈现

（1）工作情景描述

依据虚拟现实应用设计与制作职业技能等级证书（中级）对应的标准，遵循某虚拟现实数字化开发有限公司策划部下发的策划书要求，开展大足石刻《父母恩重经》角色模型的交互动效制作。目标是掌握 VR 角色人物的交互动效制作方法，并能将成果交付至下一环节，进行进一步的深化，直至 VR 交互测试生产交付。

（2）学习目标

①素质目标：通过设计与制作《父母恩重经》石刻造像 VR 交互动效，使学生树立民族自豪感。通过宋代石刻造像交互动效任务，培养学生的创新思维、集体意识和团队合作精神。通过对标 1+X 证书及交互动效设计岗位技能要求，解析《父母恩重经》石刻造像 VR 交互动效，使学生具备精益求精的工匠精神和勤恳努力的劳动精神。通过动效可视化编辑器的使用与讲解，使学生具备利用新技术传承与展现石刻艺术美的数字素养和创新意识。

②知识目标：理解交互动效的概念，阐释其在 VR 虚拟呈现中的重要作用（1+X 证书考点）；理解不同模型对交互动效呈现效果的影响；掌握交互动效的原则，总结归纳其规律；熟悉常用的交互动效方法和 VR 虚拟现实交互动效制作手段（1+X 证书考点）。

③能力目标：能够使用 3ds Max、VR 软件制作交互动效；掌握虚拟现实虚拟人物动效优化设计和虚拟现实环境场景优化设计（1+X 证书考点）；能够根据交互动效的规律，完成《父母恩重经》石刻造像 VR 交互；能够高效完成《父母恩重经》石刻造像 VR 基础交互设计。

（3）工作项目分析

本项目要求以大足石刻《父母恩重经》为创作背景，前期已完成关键人物造像的模型创建、材质贴图制作以及关键人物的脚本设计。现将人物模型和人物脚本的设计源文件提交至下一任务环节，开始进行人物交互动效的制作。

（4）任务分组

将学生分为 4 ~ 5 人一组，完成 VR 角色交互动效制作，组长填写表 4-9。

表 4-9

组别	工作任务：按照项目要求，完成《父母恩重经》石刻造像 VR 角色交互动效制作
1	
2	
3	

（5）工作准备

①每组根据工作任务书的需求，依次进行分析和探讨，填写并提交质量技术记录；

②了解该石刻造像项目以及项目人物角色背后的历史背景和文化内涵；

③结合项目任务书，剖析角色交互动效创建的难点和常见技术问题；

④深入当地进行实地考察调研，身临其境地感受宋代《父母恩重经》石刻造像的魅力，探究其背后的历史和传统文化中"仁、孝、礼、智、信"的情感表达。

（6）引导问题

① VR 角色模型交互动效的概念是什么？

VR 角色模型交互动效是指在虚拟现实环境中，角色模型与用户之间的互动效果和表现。它涵盖了角色的外观、动画、动作、语音和反应等元素，旨在为用户提供一个沉浸式的体验，使他们能够与虚拟角色进行自然且富有表现力的互动。

② VR 角色模型交互动效的作用是什么？

增强沉浸感：通过生动的角色表现，用户能够更深刻地感受到虚拟环境的真实性。

提高参与感：动态反应和互动使用户更愿意主动参与到故事情节或游戏任务中。

情感连接：角色的情感表达可以引起用户的共鸣，增强用户与角色之间的情感联系。

促进知识获取：在项目中，角色的互动可以提供更具吸引力和有效的学习体验，从而实现作品的意义建构。

③如何用 VR 角色模型的交互动效使得《父母恩重经》石刻人物动作更生动形象？

对《父母恩重经》的关键人物角色模型进行交互动效设计，可以让原本的石刻人物动作形象更加生动：

动作设计：在角色动画上，根据前期的脚本动作设计，将石刻人物动作设计得自然流畅，以展现角色的情感和互动；在情感表达方面，为角色添加面部表情动画，尽管是石刻造像，仍可以通过面部特征进行情感的传递。

交互机制：设计一些简单的任务或对话进行故事引导，在与角色发生互动的过程中，让用户了解《父母恩重经》的相关内容信息。

沉浸式环境：在画面场景的打造上，创建与主题相关的虚拟环境，让角色与环境相呼应，并配合音效增强氛围感。

技术优化：使用高质量的 3D 模型，确保角色在 VR 中的表现细腻，尽量保留石刻的艺术特色；在体验过程中，确保角色在不同 VR 设备上流畅运行，避免卡顿或延迟影响体验。

（7）工作计划与实施

每组学生必须认真阅读策划书，并根据策划书的要求制定个人计划。同时，他们需要收集 VR 交互动效制作相关资料，并将其优化为 PPT。小组集中讨论后，完成 PPT 的制作。教师审查每个小组的计划（表 4-10），并依次对每组进行指导调整。

表 4-10

序号	姓名	角色名称	设计时间		备注
			模型	交互动效	
1					
2					
3					

（8）评价反馈

本课程的考核评价方式打破了原有以终结性考试成绩为主的教学评价模式，结合"岗、课、赛、证"的考核要求，利用大数据检测与评估平台，从双师评价、自我评价、VRP 云评价等多角度对学生考核进行多重画像，多维度收集评价信息。结合"学中做，做中学"的行为信息，构建可视化图表，直接反映学生学习表现。注重过程性考核与结果性考核相结合，关注学生个体差异，探索增值评价。

按照"模型质量、贴图质量、脚本质量、UI 质量、交互效果、输出测试、文化融入、企业评价"八维评价指标进行量化考核，采用"学习状态＋学生作品"双重画像，构建立体化综合评价体系。旨在既强调提升学生的学习态度，又注重对项目过程的参与度，以及自身能力的提升。

①考核框架：考核评价占比（见考核评价占比表 4-11）

表 4-11

考核内容			考核主体	权重
过程评价	课前	任务点完成情况	双师评价 自我评价 生生互评 VRP 云平台评价	10%
	课中	知识、技能点完成情况		30%
		技能掌握情况		
		课堂表现		
		团队协作		
		自主学习能力		
		任务点完成情况		
	课后	课后作业情况		20%
		任务点完成情况		
小计				60%
增值评价	岗位能力 职业精神 人文底蕴 社会价值		双师评价 自我评价 生生互评 VRP 云平台评价	5%
				5%
				5%
				5%
小计				20%
结果评价	数字媒体作品		双师评价 自我评价 生生互评 VRP 云平台评价	20%
小计				20%

②考核指标细化（见 VR 交互动效脚本设计评价考核表 4-12）

表 4-12

考核内容			考核主体	权重
过程评价	课前	任务点完成情况： 1. 完成 VRP 云平台测试； 2. 完成 UI 基础脚本设计制作； 课前测试得分按 100% 计算，100% 计 10 分，80%～99% 计 8 分，60%～79% 计 5 分，60 分以下计 1 分。	双师评价 自我评价 生生互评 VRP 云平台评价	10%

续表

	考核内容		考核主体	权重
过程评价	课中	技能掌握情况： 1. 能理解 VR 交互动效的概念以及 VR 交互动效基础运用的重要作用；（1+X 证书考点） 2. 能理解不同模型对交互动效呈现效果的影响； 3. 能掌握 VR 交互原理，总结归纳 VR 交互动效规律； 4. 能掌握常用的 VR 交互动效编辑器的使用方法。(1+X 证书考点) 课堂表现： 按时出勤计 5 分，迟到早退 15 分钟以内计 3 分，缺勤计 0 分； 积极回答问题计 5 分，回答内容合理计 7 分； 随堂测验得分以 100% 计算，100% 计 10 分，80%~99% 计 8 分，60%~79% 计 5 分，60 分以下计 1 分。 团队协作、小组自评占 20%，小组互评占 40%，企业、专任教师综合评价占 40%，总分为 15 分。	双师评价 自我评价 生生互评 VRP 云平台评价	30%
	课后	任务点完成情况： 1. 能掌握 VR 脚本制作呈现； 2. 能拓展 VR 脚本设计应用。		20%
增值评价		岗位能力： 1. 能使用 VRP 3D Engine 软件制作交互动效设计； 2. 能熟练操作 VR 交互动效编辑器； 3. 能根据 VR 交互动效设计原理，完成《父母恩重经》石刻造像 VR 交互动效单个人物的制作。	双师评价 自我评价 生生互评 VRP 云平台评价	5%
		职业精神： 通过对标企业项目验收标准进行《父母恩重经》石刻 VR 脚本制作，具备以文化人的工匠精神和刻苦钻研的劳动态度，对项目负责，增强职业荣誉感。		5%
		人文底蕴： 通过资料查阅并分析《父母恩重经》石刻造像人物动作故事内涵，具备中华文化人文素养；		5%
		社会价值： 通过《父母恩重经》石刻造像的脚本制作，用 VR 技术守正创新，传承中华优秀传统文化。		5%
结果评价		以小组为单位，6 人为一小组，设计《父母恩重经》VR 造像脚本制作流程方案。	双师评价 自我评价 生生互评 VRP 云平台评价	20%

（9）学习提示

①创作思路

本课程倡导自主学习、探索学习与合作学习，通过"临境初探""入境导学""融境析理""沉浸演训""悟境展评""拓境创优"六步教学法，旨在让学生掌握 VR 交互动效的制作方法。在前期完成人物角色脚本设计的基础上，将设计脚本以 VR 动效形式呈现，实现《父母恩重经》VR 作品的交互效果。

②工具运用

该项目工作任务主要分为角色交互动效和场景交互动效的制作。角色交互动效需要在三维软件中完成，并在引擎编辑器中实现交互；而场景交互动效则可以直接在引擎编辑器中制作完成。

③任务拆分

根据《父母恩重经》石刻造像 VR 角色交互动效的制作流程，任务被拆分为三个步骤：分析脚本内容、制作角色动效和制作场景动效。（见图 4-27 工作项目思维导图）

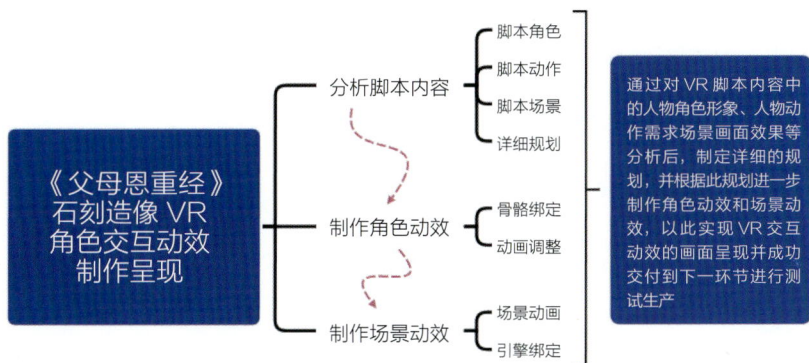

图 4-27　任务思维导图

（10）具体操作步骤

以下以具体任务为例，演示《父母恩重经》VR 角色交互动效的制作步骤：

①前期选择父亲、母亲、青年作为代表性人物，进行角色模型建模和角色脚本内容的设定（见图 4-28 角色脚本设计）。

图 4-28　角色脚本设计图

②从角色脊椎开始绑定骨骼，逐渐延伸至四肢、头部、颈部等位置（图4-29）。

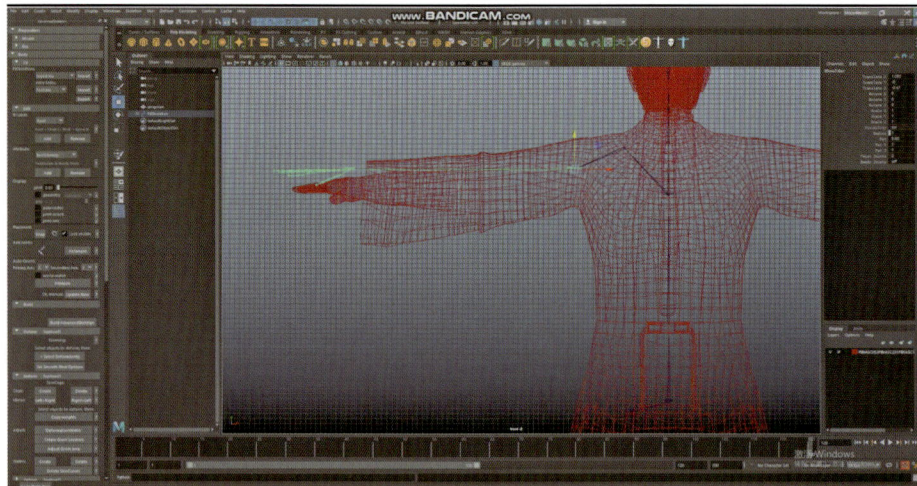

图 4-29

③调整骨骼每个关节间的位置，确保骨骼层级的合理性（图4-30）。

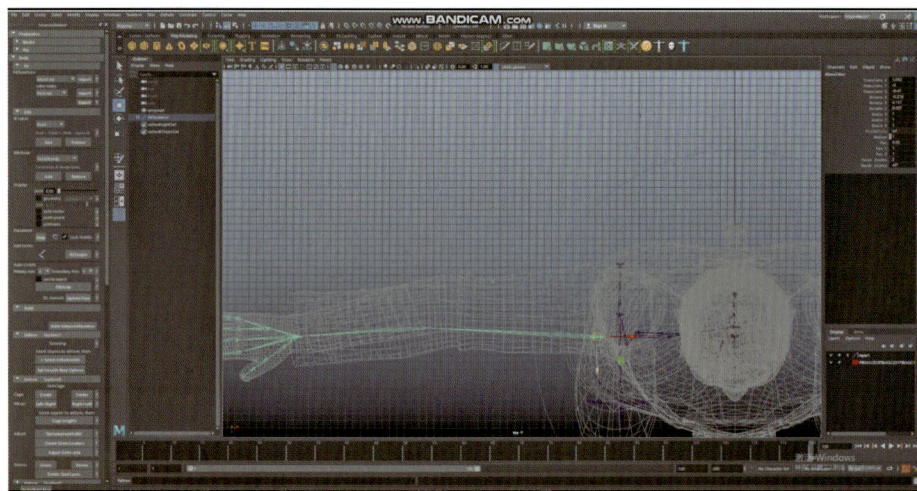

图 4-30

④创建控制器，使用约束将控制器与骨骼相关联，通过控制器控制骨骼的位置和旋转，制作出少年拜别的动作（图4-31）。

⑤采用相同步骤，制作出父亲拉扯和母亲转头的动作（图4-32）。

⑥设置关键帧，为角色创建动画，打开曲线编辑器，调整曲线平滑度，优化角色运动（图4-33）。

⑦在 Unity 3D 中创建场景动效，导入前期制作的角色模型、人物骨骼等数字资产（图4-34）。

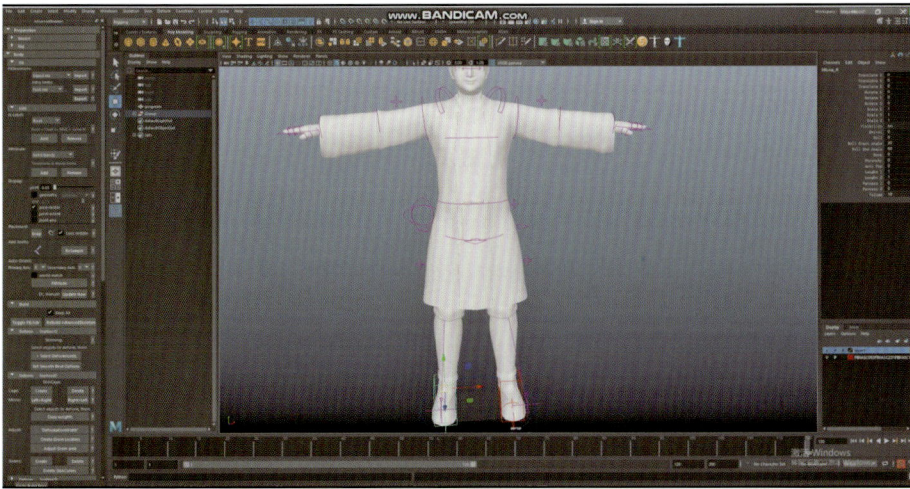

图 4-31

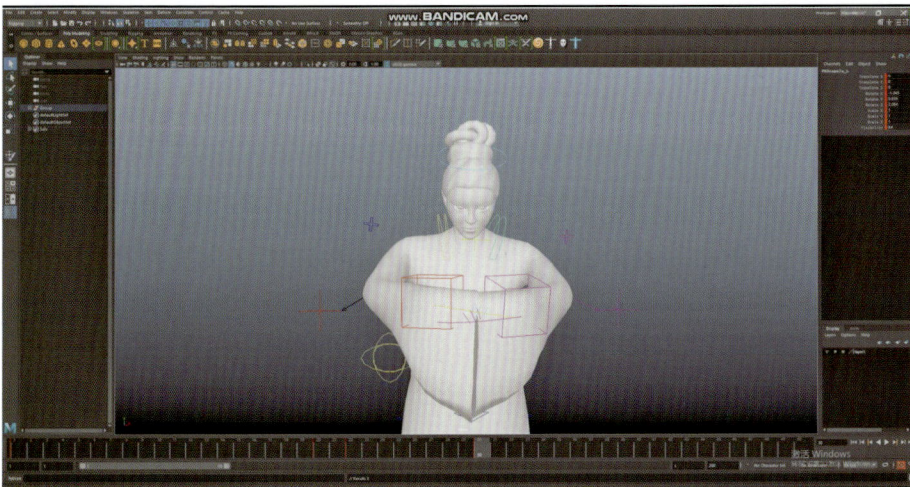

图 4-32

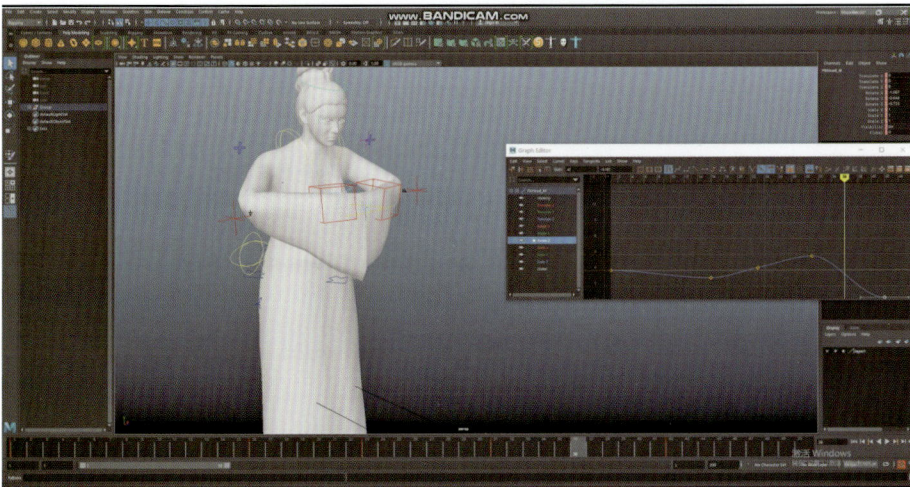

图 4-33

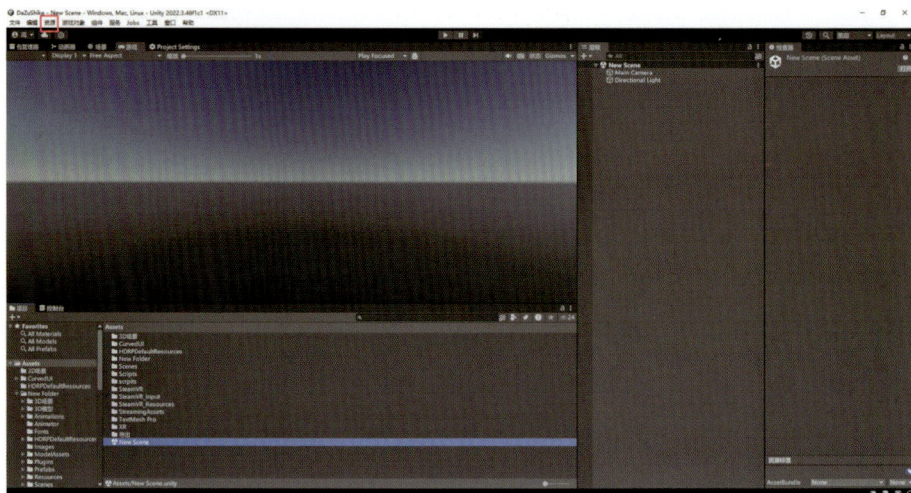

图 4-34

⑧打开包管理器，安装 Curved UI、SteamVR Plugin、High Definition RP 资源包（图 4-35）。

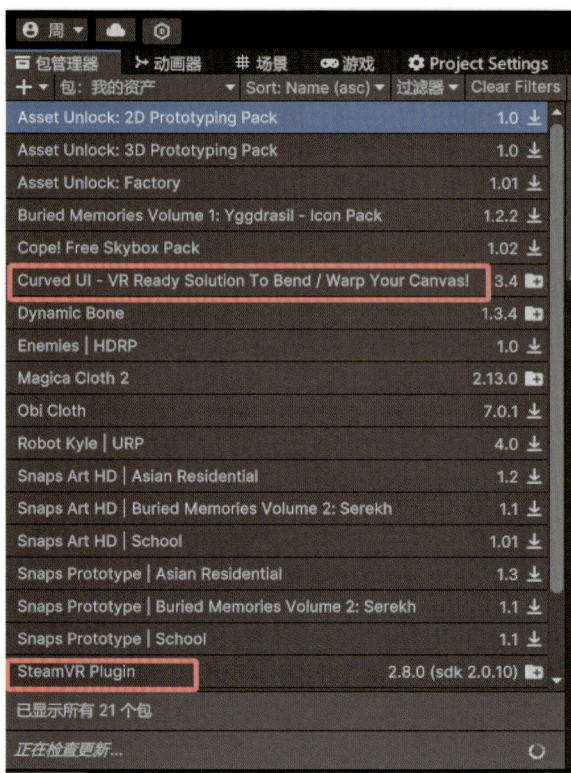

图 4-35

⑨打开项目设置，选择 XR Plug-in Management，勾选 OpenVR Loader（图 4-36）。

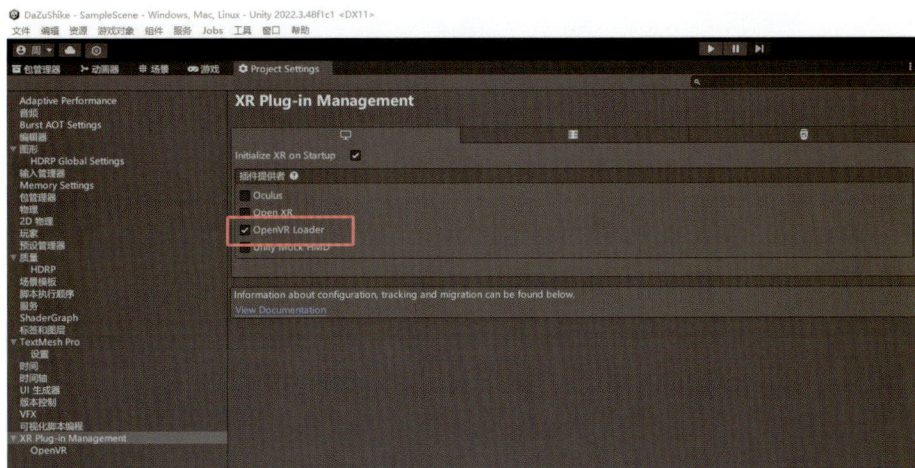

图 4-36

⑩返回场景窗口，将导入的场景模型拖入层级（图 4-37）。

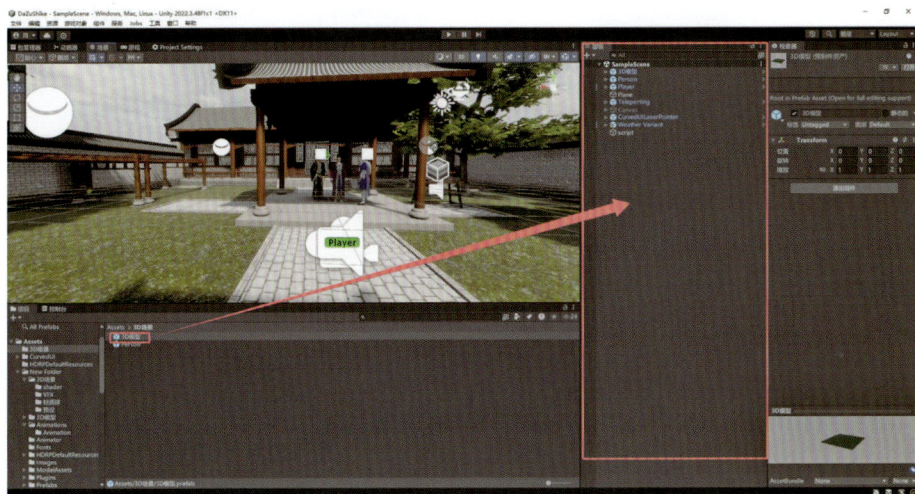

图 4-37

⑪调整场景布局，检查无误后，将人物模型按相同方法拖入层级，并调整位置（图 4-38）。

⑫将 player 预制件放入场景内，并删除场景自带的摄像机（图 4-39）。

⑬将 Teleporting 拖入层级，为玩家行走提供脚本（图 4-40），建立一个平面，调整至合适位置以供玩家行走，并为其添加 Teleport Area 组件（图 4-41）。

⑭创建一个正方体作为触发检测器，放置在需要检测触发并播放人物动画的地方（图 4-42）。

⑮为每个人物分别创建相应的动画控制器（图 4-43）；将制作好的人物动画拖入动画控制器，链接动画过渡，并设置动画触发条件（图 4-44）。

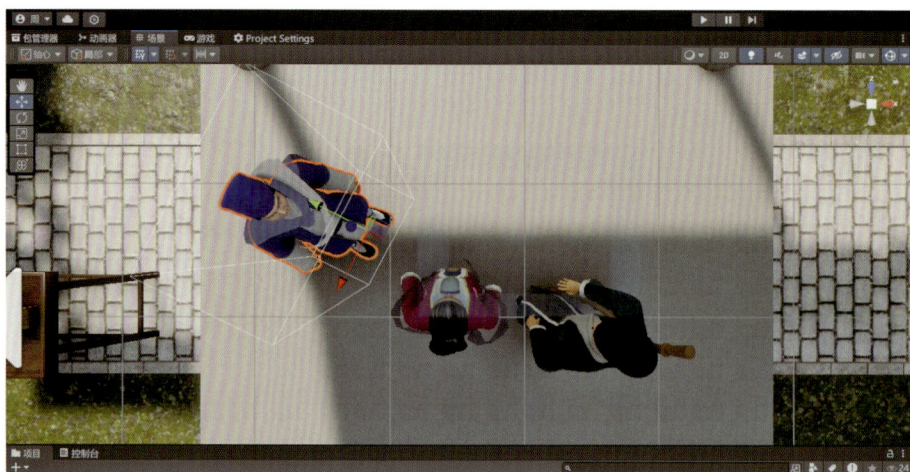

图 4-38

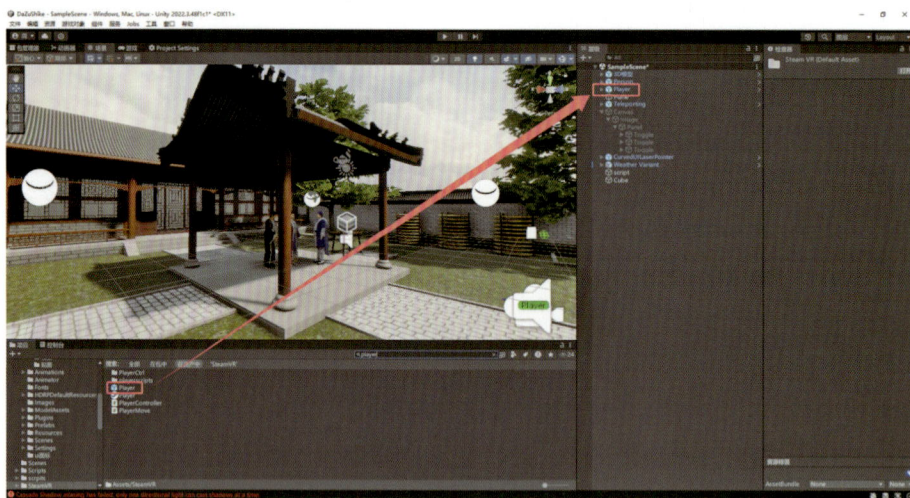

图 4-39

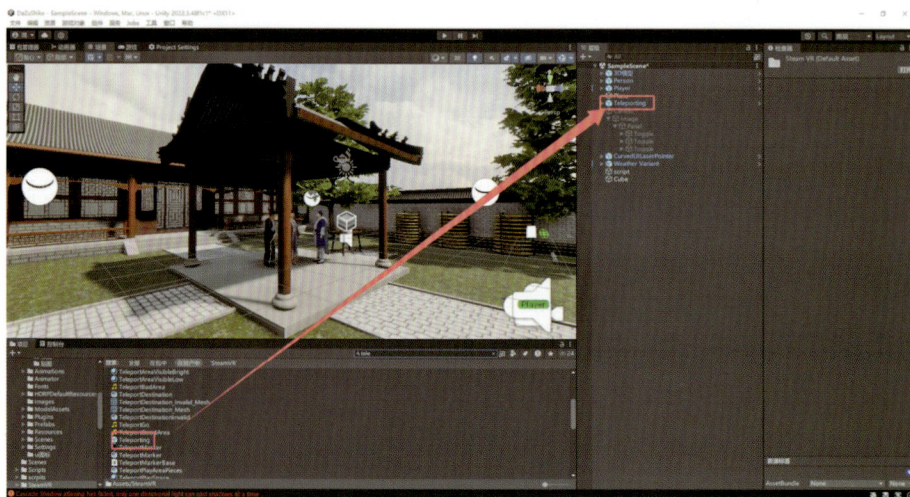

图 4-40

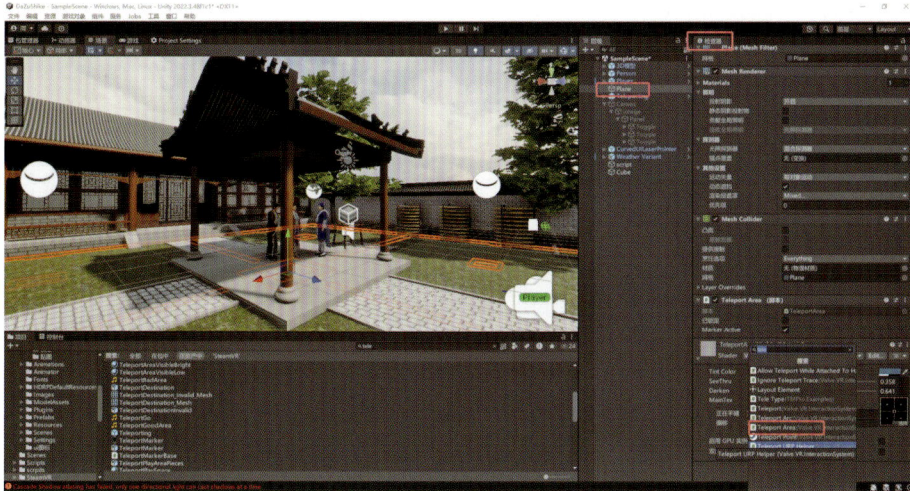

图 4-41

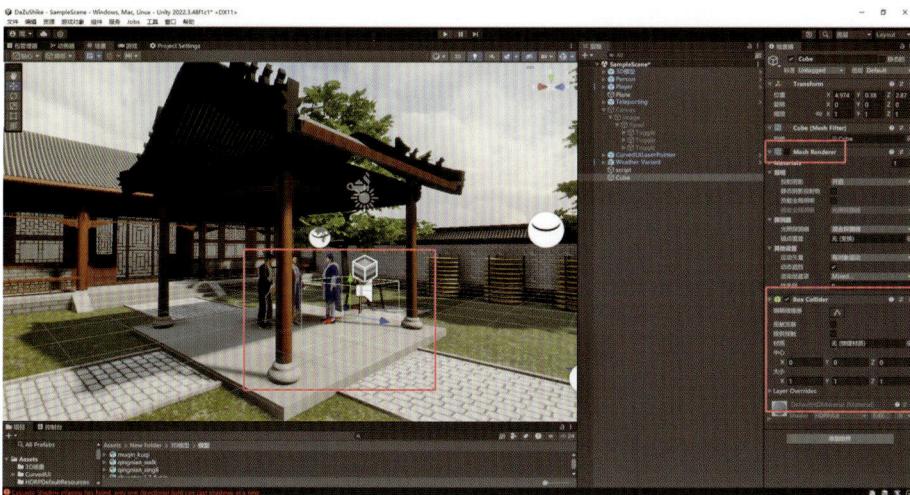

图 4-42

图 4-43

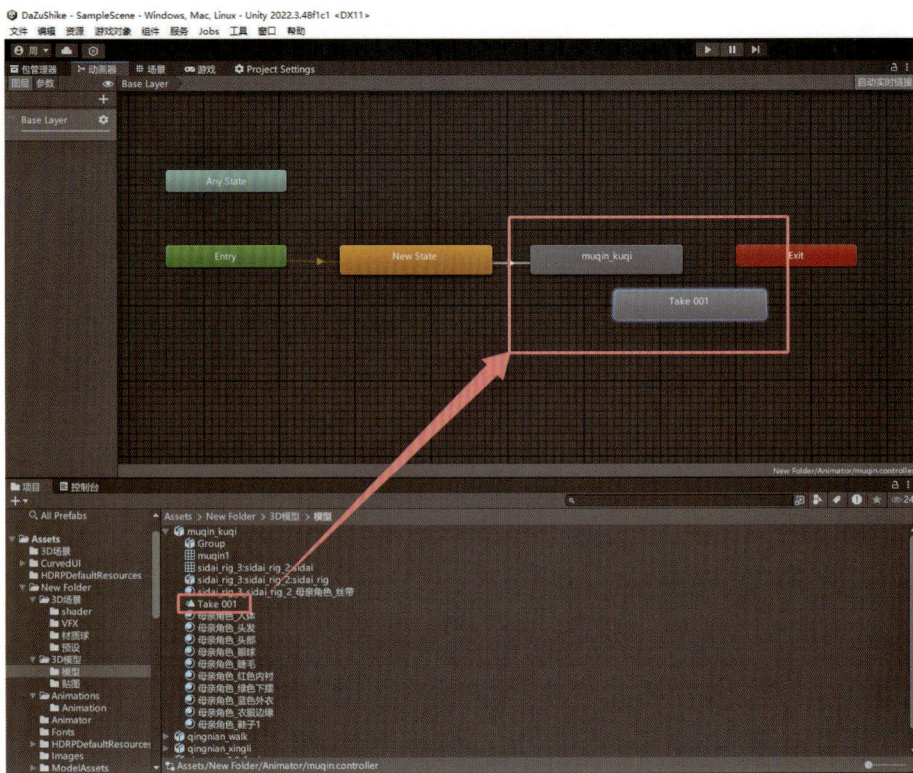

图 4-44

⑯编写触发碰撞后动画开始的脚本，并挂载在空的游戏对象上。点击运行，观察玩家与虚拟人之间的交互（图 4-45）。

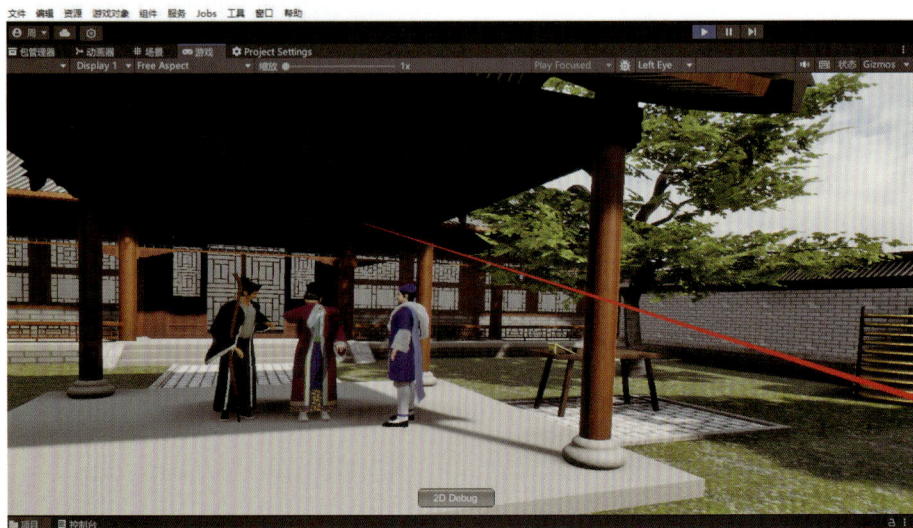

图 4-45

⑰为场景添加不同的环境，如晴天、雨天、打雷等，并隐藏非初始场景（图 4-46）。

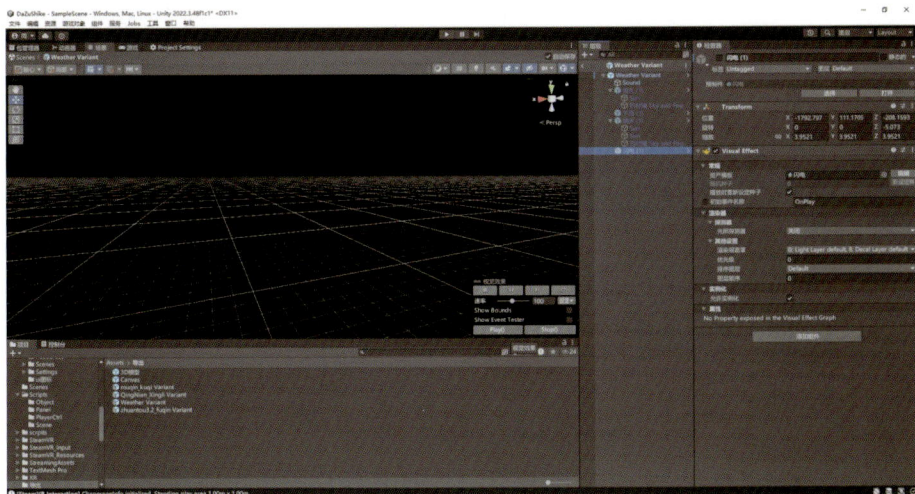

图 4-46

⑱制作 UI 交互，选择游戏对象 -UI- 画布，调整画布位置，使 UI 出现在合适位置（图 4-47）。

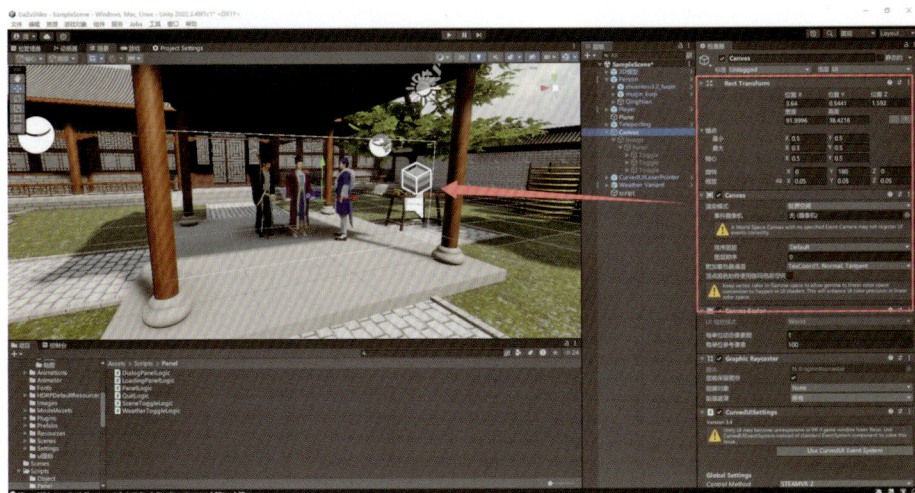

图 4-47

⑲为画布添加子切换按钮与选择按钮，并为画布添加 Curved UI Settings 组件，使其在 VR 环境中可交互（图 4-48）。

⑳编写代码，将每个选项与对应的天气游戏对象相关联，并挂载在相应的 UI 上（图 4-49）。

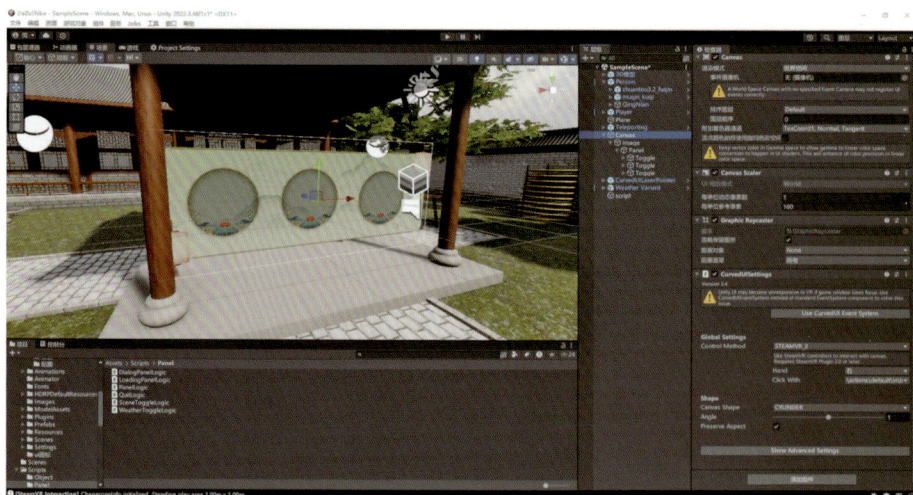

图 4-48

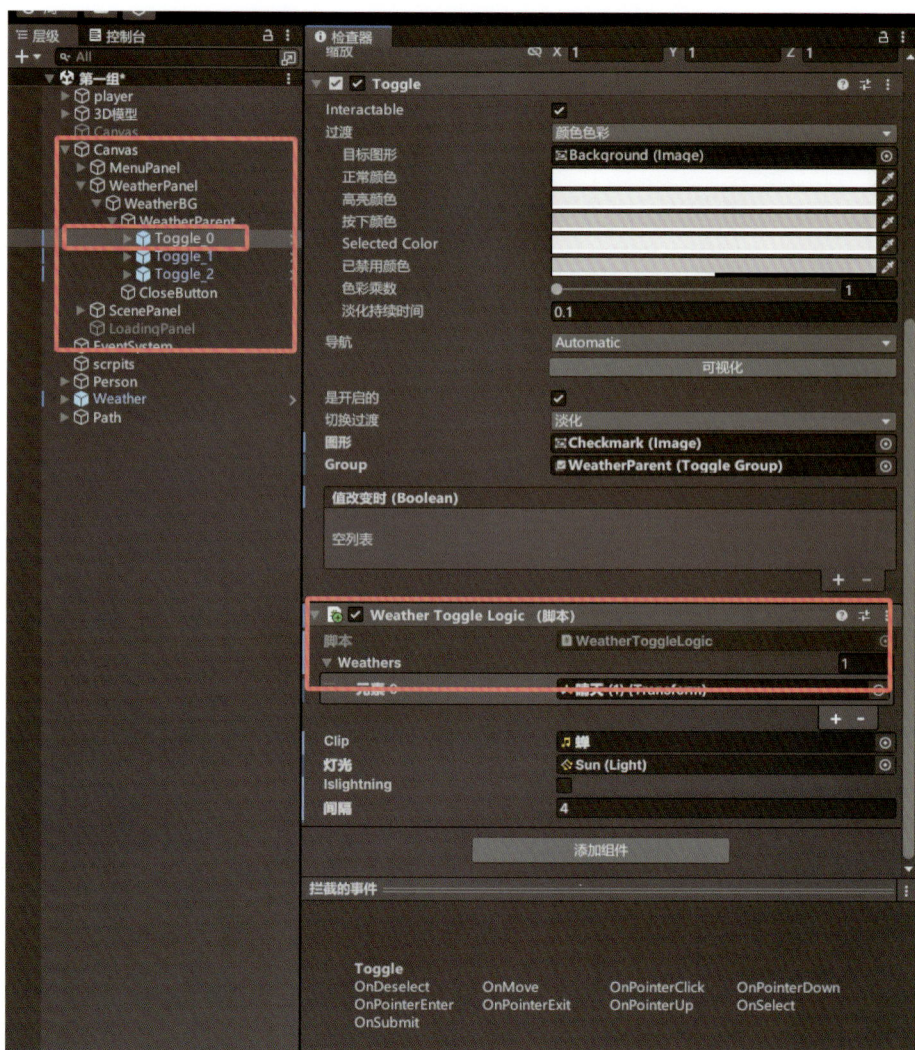

图 4-49

小结

将《父母恩重经》的故事融入教学中，以技术传承，"仁、孝、礼、智、信"本土文化，坚持统一性与多样性相结合。以《父母恩重经》石刻造像 VR 交互虚拟呈现项目任务为载体，助力学生实现从熟手到能手、巧手、匠才的转变，更好地培养社会和市场所需的技能型人才。

任务 4.4　《父母恩重经》石刻造像 VR 交互测试生产交付

（1）工作情景描述

依据虚拟现实应用设计与制作职业技能等级证书（中级）对应的标准，遵循某虚拟现实数字化开发有限公司策划部下发的策划书要求，开展大足石刻《父母恩重经》石刻造像 VR 交互测试。通过此过程，掌握 VR 交互制作与测试的方法，实现 VR 作品的生产交付。

（2）学习目标

①素质目标：通过数字复原石刻造像任务，深刻理解中国古代人文历史和中国孝道文化，培养学生优良的人格品质；通过小组合作制定《父母恩重经》虚拟交互动效测试与交付方案，分工协作完成任务，增强集体意识和团队合作精神；通过《父母恩重经》石刻造像 VR 交互动效测试并持续优化，培养诚实守信的精神品格和精益求精的工匠精神。

②知识目标：理解《父母恩重经》VR 模型布线科学性和面数合理性的重要性（1+X 证书考核内容）；掌握《父母恩重经》VR 贴图使用的思维和方法（1+X 证书考核内容）；学会判断《父母恩重经》VR 交互效果是否合理。

③能力目标：能根据《父母恩重经》VR 交互动效的特征，制定交互动效测试与交付方案；能利用交互动效测试方法，结合企业《项目验收标准》完成《父母恩重经》VR 交互动效交付。

（3）工作项目分析

本项目以大足石刻《父母恩重经》为创作背景，前期已完成关键人物造像的模型创建、材质贴图制作、关键人物脚本设计以及人物场景交互动效制作。现将设计源文件提交至下一任务环节，开始 VR 交互测试并生产交付。

（4）任务分组

将学生分为 4～5 人一组，完成《父母恩重经》石刻造像 VR 交互测试生产交付任务，组长填写表 4-13。

表 4-13

组别	工作任务: 按照项目要求, 整理前期设计源文件后, 完成《父母恩重经》石刻造像 VR 交互测试生产交付。
1	
2	
3	
4	

（5）工作准备

①每组根据工作任务书的需求, 依次进行分析和探讨, 填写并提交质量技术记录;

②了解石刻造像项目以及项目人物角色背后的历史背景和文化内涵;

③结合项目任务书, 剖析 VR 生成交付过程中的难点和常见技术问题。

（6）引导问题

①在 VR 交互测试生产交付的过程中, 具体交付的内容是什么?

项目源代码: 包括所有场景、资源、脚本、配置文件和项目设置;

运行应用程序: 根据目标平台（如 PC VR、Oculus Quest、PS VR 等）, 提供已打包好的可执行文件, 复杂 VR 作品可能需提供安装程序或部署脚本;

资源文件: 所有在项目中使用的 3D 模型、纹理、材质文件、背景音乐、动画效果等;

外部插件和 SDK: 如使用第三方插件和特定硬件 SDK, 须一并交付。

②交付过程中会出现哪些常见问题?

平台兼容性问题: 不同 VR 硬件平台可能具有不同的技术要求和兼容性问题, 需设置平台特定参数;

性能问题: VR 应用对性能要求极高, 在较低端的 VR 硬件上可能出现低帧率、卡顿、延迟等现象, 需优化性能, 多次测试, 保持稳定帧率, 尽量避免复杂物理模拟或减少高开销的物理交互, 必要时使用 LOD 技术降低复杂度。

（7）工作计划与实施

每组学生认真阅读策划书, 根据策划书要求制定计划, 了解交付内容和流程。经小组集中讨论后, 完成 VR 交互测试并生产交付。教师审查每个小组的方法计划（表 4-14）, 并依次对每组进行指导调整。

表 4-14

序号	姓名	VR 场景	设计时间		备注
			模型	交付文档	
1					
2					
3					

（8）考核评价

该考核评价方式打破原有以终结性考试成绩为主的教学评价模式，结合"岗、课、赛、证"的考核要求，利用大数据监测与评估平台，从双师评价、自我评价、VRP 云评价等角度对学生考核进行多重画像，多维度收集评价信息。结合学中做、做中学的行为信息，构建可视化图表，直接反映学生学习表现。注重过程性考核与结果性考核相结合，关注学生个体差异，探索增值评价。按照"模型质量、贴图质量、脚本质量、UI 质量、交互效果、输出测试、文化融入、企业评价"八维评价指标量化考核，采用"学习状态 + 学生作品"双重画像，构建立体化综合评价体系，旨在使学生从生手成长为熟手、能才、巧手、匠才。

①考核框架：考核评价占比（见考核评价占比表 4-15）

表 4-15

考核内容			考核主体	权重
过程评价	课前	任务点完成情况	双师评价 自我评价 生生互评 VRP 云平台评价	10%
	课中	知识、技能点完成情况		30%
		技能掌握情况		
		课堂表现		
		团队协作		
		自主学习能力		
		任务点完成情况		
	课后	课后作业情况		20%
		任务点完成情况		
小计				60%
增值评价	岗位能力 职业精神 人文底蕴 社会价值		双师评价 自我评价 生生互评 VRP 云平台评价	5%
				5%
				5%
				5%
小计				20%

续表

考核内容		考核主体	权重
结果评价	数字媒体作品	双师评价 自我评价 生生互评 VRP 云平台评价	20%
小计			20%

②考核指标细化（见 VR 交互测试与交付考核表 4-16）

表 4-16

考核内容			考核主体	权重
过程评价	课前	任务点完成情况： 1. 完成 VRP 云平台测试； 2. 完成 VR 交互动效测试与交付； 课前测试得分按 100% 计算，100% 计 10 分，80%~99% 计 8 分，60%~79% 计 5 分，60 分以下计 1 分。		10%
	课中	技能掌握情况： 1. 能理解《父母恩重经》VR 模型布线、判断出面数的优缺点； 2. 能理解《父母恩重经》VR 贴图调优的方法； 3. 能掌握判断《父母恩重经》VR 交互效果合理与否的方法。	双师评价 自我评价 生生互评 VRP 云平台评价	30%
	课后	任务点完成情况： 1. 能掌握 VR 交互基础动效设计应用； 2. 能拓展 VR 交互基础动效制作呈现。 课后作业情况： 以小组为单位，6 人为一小组，完成脚本作业，并上传至 VRP 云平台，并完成在 VRP 云平台布置的课后习题。得分以 100% 计，100% 计 10 分，80%~99% 计 8 分，60%~79% 计 5 分，60 分以下计 1 分。		20%
增值评价		岗位能力： 1. 能使用 3ds Max、VRP 3D Engine、Unity 3D、UE5 等软件制作交互动效； 2. 掌握《父母恩重经》虚拟现实应用产品的最终需求、并提升项目分析能力； 3. 能根据任务工单要求，完成《父母恩重经》石刻造像 VR 交互复原呈现。	双师评价 自我评价 生生互评 VRP 云平台评价	5%

考核内容		考核主体	权重
增值评价	职业精神： 通过对标企业项目验收标准进行《父母恩重经》石刻造像测试与交付，具备精益求精的工匠精神和勤奋劳动的劳动态度。	双师评价 自我评价 生生互评 VRP 云平台评价	5%
	人文底蕴： 深刻认识中国古代人文历史和中国孝道历史，具备一定的人文素养和爱岗敬业的职业素养。		5%
	社会价值： 《父母恩重经》石刻造像 VR 交互动效测试，品味中国文化底蕴，树立民族自豪感。		5%
结果评价	以小组为单位，6 人为一小组，设计《父母恩重经》VR 石刻造像交互动效测试与交付。	双师评价 自我评价 生生互评 VRP 云平台评价	20%

（9）学习提示

①创作思路：本课程倡导自主学习、探索学习与合作学习，通过"临境初探""入境导学""融境析理""沉浸演训""悟境展评""拓境创优"六部教学法，让学生掌握 VR 交互测试生产交付的方法。在前期完成动效设计与交互制作的基础上，学生需在引擎软件中进行交互效果的开发测试，以实现 VR 作品的成功交付。

②工具运用：本项目旨在教会学生如何在引擎软件中完成 VR 作品的测试与交付任务。学生需掌握 Unity3D 的基础操作，其中测试交付涵盖开发、优化、测试至部署交付的各个环节，需熟练运用工具以确保产品的完整交付。

③任务拆分：《父母恩重经》石刻造像 VR 交互测试生产交付项目，可大致分为以下几个关键步骤（图 4-50）。

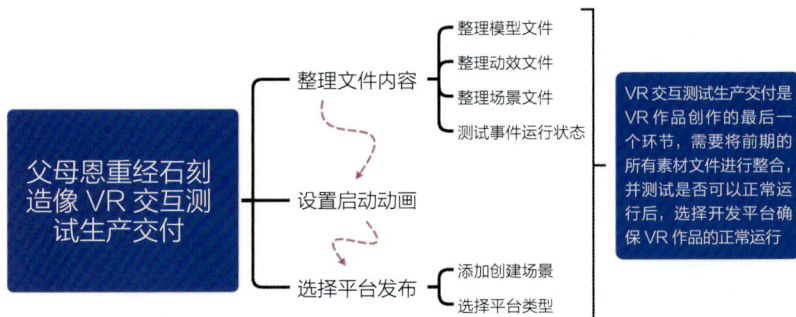

图 4-50　工作任务思维导图

（10）具体操作步骤

以下以工作任务为例，演示《父母恩重经》石刻造像项目的关键步骤。

①整理项目中所有文件，打开第一个场景并运行，直至所有功能运行完毕，测试每个事件是否正常发生（图4-51）。

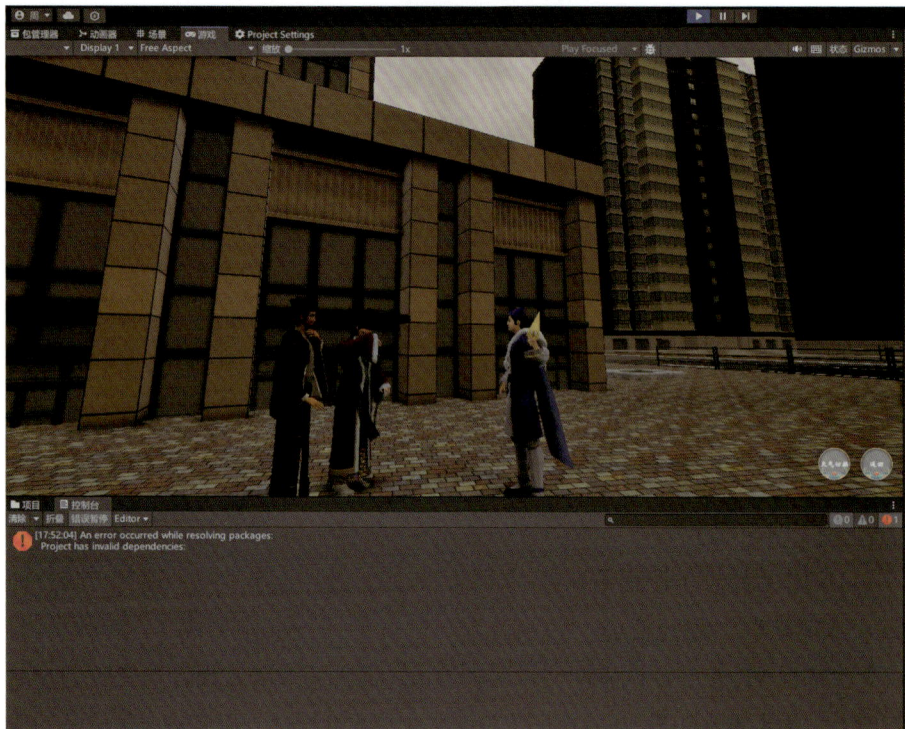

图4-51

②打开项目设置，点击"玩家"，设置启动动画（图4-52）。

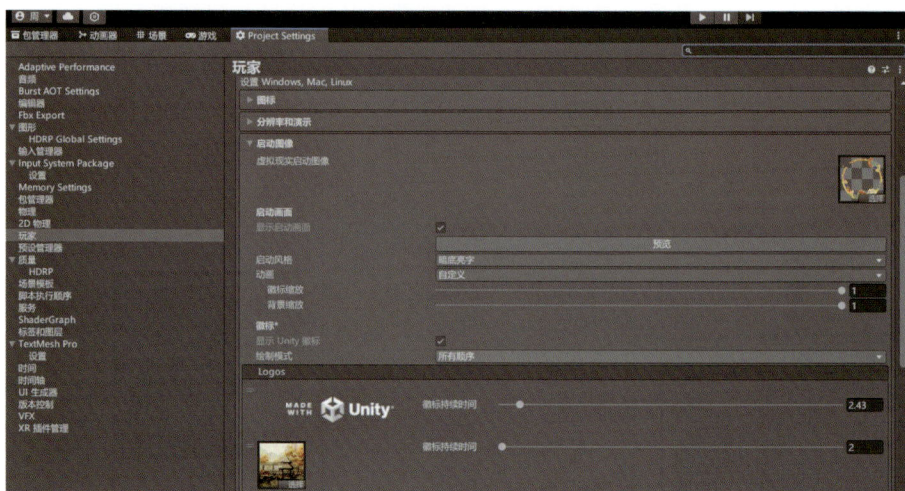

图4-52

③点击"文件">"生成设置"，将游戏中涉及的场景添加至"Build 中的场景"，选择发布平台，再点击"构建运行"即可生成 VR 程序（图 4-53）。

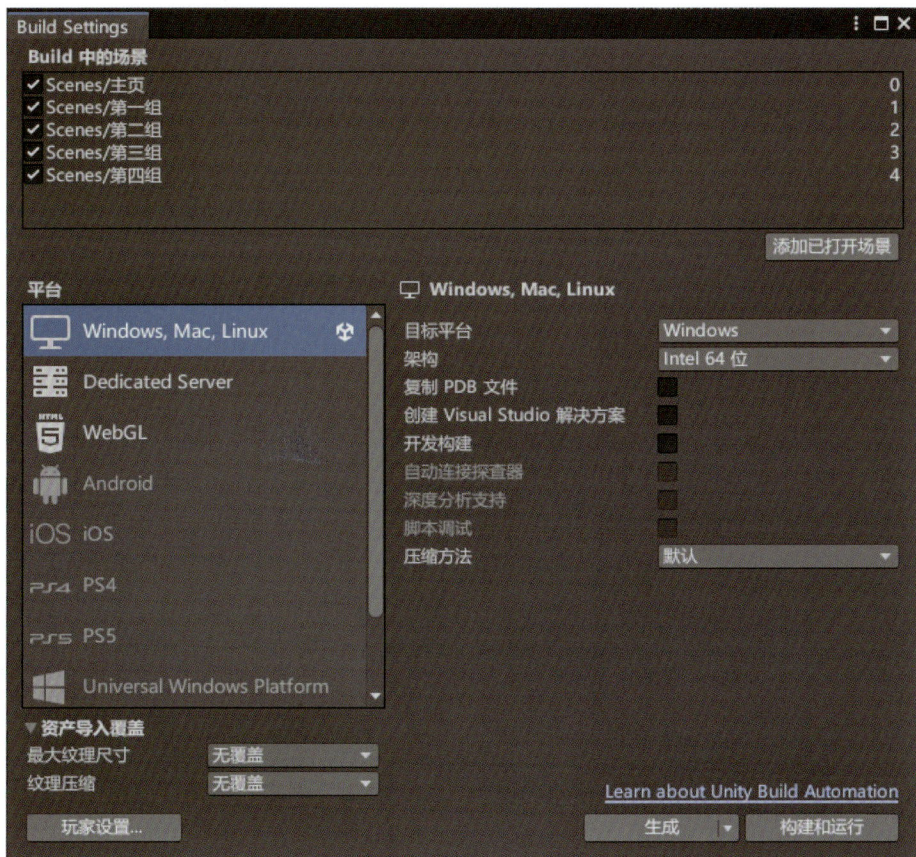

图 4-53

小结

在 Unity3D 中进行 VR 生产测试与交付的流程，涉及需求规划、设计开发、功能测试、性能优化至最终交付的多个环节。各阶段均需精细管理和操作，以确保项目在目标平台上高效运行，并提供最佳用户体验。通过有效使用工具和详细测试，开发团队才能顺利完成 VR 项目的生产并交付给用户。